江苏省「十三五」重点图书出版规划项目

江苏省省级现代服务业新闻出版广播影视发展专项资金项目

中国
文化植物
经典品读

王颖 选注

中国松柏文化经典品读

南京师范大学出版社

图书在版编目（CIP）数据

中国松柏文化经典品读 / 王颖选注 . — 南京：
南京师范大学出版社 , 2022.8
　（中国文化植物经典品读）
　ISBN 978-7-5651-4395-3

　Ⅰ . ①中… 　Ⅱ . ①王… 　Ⅲ . ①松柏类植物 – 中华文化
– 普及读物 　Ⅳ . ① Q949.66-49

中国版本图书馆 CIP 数据核字（2019）第 242888 号

丛 书 名　中国文化植物经典品读
书　　名　中国松柏文化经典品读
丛书主编　程　杰
本册作者　王　颖
策划编辑　张　春
责任编辑　柯　琳
环扉摄影　凌　扬　张振国　纪永贵
艺术指导　朱赢椿
装帧设计　罗　薇　杨杰芳　皇甫文
出版发行　南京师范大学出版社
地　　址　江苏省南京市后宰门西村 9 号（邮编：210016）
电　　话　（025）83598919（总编办）　83598412（营销部）　83373872（邮购部）
网　　址　http://press.njnu.edu.cn
电子信箱　nspzbb@njnu.edu.cn
印　　刷　江苏扬中印刷有限公司
开　　本　710 毫米 ×1000 毫米　1/16
印　　张　16.5
字　　数　259 千
版　　次　2022 年 8 月第 1 版　2022 年 8 月第 1 次印刷
书　　号　ISBN 978-7-5651-4395-3
定　　价　85.00 元

出版人　张志刚

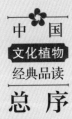

　　我国是东亚大国，地大物博，植物资源极为繁盛，是世界温带国家中植物资源最为丰富的国家。我国又是文明古国，有着无比悠久灿烂的文化。中华民族以农立国，崇尚自然，植物资源在文明发展中的意义尤为突出，形成了丰富的历史文化景观。这其中有一些植物，在我们民族物质和精神生活中发挥了极其重要的作用，留下了深长的历史印迹，积淀了丰富的文化内涵，获得了中华文明或民族文化象征的符号意义，简而言之就是对我们这个民族具有深厚的历史文化意义，我们称之为我们民族的文化植物。

　　纵观我国悠久的历史文化，堪称文化植物的主要有两类。一类是粮食和经济作物，如传统的"五谷"，尤其是其中的稻、麦、黍、稷等，还有大豆，古人常连言并称的"桑麻"，还有茶，都是我国原产，自古以来在我们民族民生日用中发挥了巨大作用，对世界也作出重要贡献，成了中华文明的重要代表。另一类则有着鲜明的观赏价值，即常被称作花木或花卉的植物。我国观赏植物资源也极为繁盛，对世界贡献良多，有着"世界园林之母"的称号。数千年的历史沃壤涵养了我们民族博大深厚的花卉文化世界，形成了特色鲜明的观赏植物品种和相应的观赏文化体系。这其中有一些植物作用特别显著，地位十分突出，便为这方面的文化植物。我们这里着力关注的就是观赏植物中最具历史文化意义的部分，即在民族思想文化和精神文明中发挥重要作用，具有精神文化经典载体意义的植物。

我们认为以下十种堪当其选,它们是:牡丹、梅、松柏、竹、兰、荷、菊、杨柳、桃、杏。

这十种植物多是我国特有、原产或我国为其原生中心之一,有着广泛的分布和悠久的栽培历史,数千年来与我们民族一路同行,以其自然而美好的形象温煦我们的生活,陶冶我们的情操,展现出婀娜多姿的历史身影,也凝汲蕴蓄了典型而深厚的人文精神。每一种植物都可谓中国文化中的生物"化石",包含着我们民族物质、精神生活的丰富年轮,也蕴含着中华文化丰厚而美好的精神营养。精心巡览、深入解读这些植物的相关文化成果和知识宝库,不仅可以尽情徜徉这些植物无比丰富美好的历史文化迷宫,也能透过这些饶有情趣的历史景象和文化积淀,生动感受我们民族文化的活泼源流和美好境界。为此我们精心编写了这套文化普及读物,十种植物各成一册。

每种读本都精选与该文化植物相关的古代经典作品、名人名事、名句名言、著名知识掌故等宝贵资料,通过精心细致的分类编排、分篇阐述,全面、系统地展示其生物资源特性、经济应用、园艺园林、文学、音乐、绘画、工艺美术、宗教、民俗以及相应思想价值、文化意义等方面的广泛内容,文字与图像、知识与故事、史实与理论兼收并蓄,努力荟萃各领域的文化精华。这就与以往常见的文学、绘画或园艺园林等单方面作品选介迥然有别,力求形成全面、综合的历史文本和文化知识体系,充分、有机地展示相应植物文化世界的立体景观和深厚内涵。对入选的资料进行简明、通俗的注解、阐说,扫除阅读障碍,提供知识信息,拓展认识视野,揭示思想价值,引发文化情趣,以丰富和深化相应的文化滋养和精神交流。我们选取最经典的植物,精选最经典的内容,也希望我们的解说不负这些经典。

程 杰 俞香顺
2020 年 1 月 16 日
于南京师范大学随园

前　言

　　松柏生性耐寒，四时常青，品性贞刚，天然具备能暗示、象征主体品格内涵的特征，因此成为中国文学中一个非常突出的意象，累积起丰富的文化意蕴，先后形成了岁寒后凋、坚贞有心、孤直不倚、劲挺有节等内涵，成为民族文化中阳刚坚贞的经典。

　　松柏包括松与柏两大物种。松是松科植物的总称，一般为常绿乔木，少数为灌木，叶呈针形；柏是柏科植物的通称，常绿乔木或灌木，叶呈鳞片形。松柏属于裸子植物，在中国有着悠久的历史。在我国上古山川地理书《山海经》中，记载了柏 23 次，松 18 次，其中有 22 次说到松柏的分布，在众多植物中遥遥领先。在我国第一部诗歌总集《诗经》中，松柏出现 11 次，排在花木意象的第一位，从中可以看出松柏在上古时期原始分布之广泛，与人民生活关系之密切。《国语·晋语九》说："松柏之地，其土不肥。"这说明松柏的物种优势在战国时期就已为人们所认识。正是因为这种超强的生命力，松柏在我国的自然分布非常广泛，无论是冰雪覆盖的北方，还是温暖湿润的南国，无论是高山、平原，还是盆地，都可见大规模的松柏林。

　　中国松柏品类繁多，松树有二十多种，柏树有三十多种。由于松和柏在很多方面都很接近，人们习惯上将松柏并提。比如：在自然特性上，松、柏大多是常绿乔木，都能耐严寒，可以在干旱、贫瘠的土地上成长。在比德方面，松和柏都被赋予岁寒后凋、坚贞有心等品质，都被用作君子人格的比附。在文化方面，松柏四季常青，都是恒久、长寿的象征；它们还都是社稷之木和墓地树种，在民俗内涵上也有共通之处。但是松与柏之间也有区分，相比之下，松的自然分布更为普遍，社会应用更为广泛，相应地，松的文学和文化地位也更高。文学方面，松与文人生活的关系更为密切，以松为题材的文学作品数量更多、质量更高。文化方面，松为"百木之长"，有"十八公""大夫松"之称；就社稷之木的选择和墓地树种的种植而言，也是松在主、柏在次，松的文化地位更为尊崇。鉴于松、柏作为文学和文化符号的这些异同，本书在处理两者的关系时遵从自然的原则，既体现两者的共性，合称"松柏"；也通过各自精选篇章，分开探讨松与柏两大物种，并在选篇数量上有所倾斜，以显示松更为重要的地位。

一

松柏不仅自然分布广泛，人工种植也很普遍。春秋战国时期，诸侯国兴建苑囿：魏国的梁囿，松鹤满园；赵国的赵圃，广植松柏。至迟在汉代，松柏被引入

北京故宫松柏（付梅摄）

北京卧佛寺前古柏夹道（王颖摄）

皇家园林，汉代的甘泉宫、三国魏时洛阳的芳林园、晋代建康的华林园都植有松柏。两晋南朝宋时期，私家园林的发展推广了松柏的种植。如西晋时石崇在洛阳郊外修建的金谷园，南朝宋谢灵运的始宁别墅，松柏都是其中的重要景物。南朝佛教的兴盛推动了寺庙园林的建设，松柏树荫浓密深邃、树性贞静，是寺庙园林最为青睐的树种之一。唐代私家园林迅速发展，花木的栽培嫁接技术提高，促进了松柏品种的更新，如李德裕的平泉山庄就种有"金松""朱柏""珠柏""柳柏""龙柏"等珍异品种。明清是园林事业的鼎盛期，不仅皇家、私家园林，百姓人家的庭院、墙角、篱落，也随处可见松柏的踪影。

松柏形态变化多样，特别是体型较小的树种，像黄山松、天目松等，非常适合盆栽。松柏盆景从唐代开始出现，宋代盆景技艺趋于成熟，制作者利用棕丝蟠扎，将松柏设计成"龙蟠凤舞""飞禽走兽"之状，在市场上非常受欢迎。宋代王十朋的《岩松记》是我国现存最早的有关松石盆景的文字记载，文中对盆景的艺术价值和美学精华已有深刻的理论概括。明代松柏盆景制作者将松柏盆景与绘画联系起来，在盆景中体现画意成为当时特色。

松柏是行道、驿亭经常种植的树种。行道植树除标识路线、巩固路基外，还能荫庇行旅，惠及后世，因而历来受统治者重视。秦代修建驰道，"道广五十步，三丈而树，厚筑其外，隐以金椎，树以青松"（《汉书·贾山传》）。晋唐之际，行道栽植槐、柳、榆较为普遍。宋代，松又成为主要的行道树种，地方官员常督促百姓种植，以至于出现了像《道边松》这样歌颂地方官种松的民间歌谣。宋以后，行道植松也时见于史书和诗歌。松柏普遍的行道种植，使其在行旅之作中出现的概率大大提升。

松柏是最常见的墓地树种。墓地种植松柏历史久远，在殷商时期松柏就是天子、诸侯的专用墓树。两汉时期，民间墓地种植松柏的现象已很常见。至魏晋六朝时，松柏已是民间普及的坟头树。

二

松柏在人们的生产生活中扮演着重要的角色，它不仅是生活资料的来源，而且是审美欣赏和情感寄托的对象。清代张潮在《幽梦影》中说："以松花为粮，以松实为香，以松枝为麈尾，以松阴为步障，以松涛为鼓吹。山居得乔松百余章，真乃受用不尽。""松下听琴，月下听箫……觉耳中别有不同。"生活来源，注重的是松柏的实用价值；审美欣赏和情感寄托，注重的是松柏的审美价值。

松柏的实用价值很高。木材可用于建筑，松脂、松节、松花、松皮、松叶、松子、柏实、柏叶、柏枝、柏根可用于医药，松子、松花、松叶、松菌、柏叶可用于饮食，松脂、柏油可用于工业。可以说，松柏全身都是宝。

松柏是大用之材。据《尚书·禹贡》记载，松柏木曾经作为青州珍贵的特产进贡给周王朝。从《诗经》中"松桷有梴""松桷有舄""桧楫松舟""柏舟"的描写可见，在西周、春秋时期松柏木材就被用于建造宫室、宗庙、舟楫等。据《尚书》记载，松柏在上古时期是"社稷之树"，地位尊崇。据《礼经》记载，在夏、商、周三代，松柏是最高统治者的专用墓树。可见，松柏自古以来就被看作有用的大材，所以后来被称"栋梁材"，进而用来比喻人才。

松柏的营养价值丰富，曾是古代灾荒和战乱中劳苦大众赖以充饥的救命

[清] 宫廷画师《胤禛行乐图册·松涧鼓琴》(故宫博物院藏)

物。用来充饥的松柏果自然是随手采摘，没有经过任何加工的。在解决了温饱问题后，人们才有闲情逸致去研究如何利用松柏酿造美酒、制作美食。松叶、松花、松脂、松节、柏叶都可用于酿酒。早在东汉崔寔《四民月令》中已经有关于椒柏酒的记载，唐代已经非常流行用松柏酿酒。松花可以用来做糕点，也可以做养生的饮料。松仁清香美味，既可以用来做点心，也可以用来烹制菜肴。松蕈是松树上的滋生物，属菌类，味道鲜美，有异香，可供食用及药用。圆柏又名桧树，其花做蜜极香，而味微苦，叫作桧花蜜。宋代苏颂在《图经本草》中称赞桧花蜜"可与宣州黄连蜜媲美，真奇物也"。

松柏的药用价值很高，有治病养生的功效。松花味甘、性温，主润心肺、益气、除风止血，有美容养颜的功能。松节是松树的节心，富油脂，可入药，也可酿酒，松节酒可以治疗四肢疼痛。松叶酒是用松针酿酒，有祛风湿的效果。松的津液可以酿"松液酒"，色如琥珀，有滋补养生的作用。柏叶有药用价值，也可以用来酿柏叶酒。松仁也可入药，是延年益寿的长生果。《本草纲目》记载，松仁可"补中益气,强身健体""润肺,治燥结咳嗽"。茯苓是寄生在松树根上的菌类，性平味甘，能够健脾益胃、宁心安神、美容养颜，中医用于入药，有利尿、镇静等作用。鲜茯苓去皮，磨浆，晒成白粉，称茯苓霜，对人十分滋补。

松柏的审美情趣丰富。松柏树形变化多端，姿态矫健峭拔，特别是老松古柏，霜柯露干、累柯多节，显示出历尽春秋的沧桑之美，又具有虬曲的体态、飞动的气势，显示出引人注目的雄奇之美。松柏以老为美，老松古柏奇崛丑怪的外表下洋溢着昂扬的生命力，以一种怪奇之美吸引着观赏者的目光，引发人们有关美与丑的思考。松柏蔚然成林，荫翳深邃，远望如黑云压境、烟雾笼山，近观则雷霆万壑、晦暝殊状，又是一番奇异景观。风过松林，其声劲健如秋江怒涛，有"松涛"之称，松风清逸古雅，与水、月相宜相配，更显清远幽寒之境。

松柏形象中蕴含着巨大的力量和崇高的悲壮感。松柏的生存状态给人以崇高的悲壮美：大寒之时，万木肃杀，松柏傲然独立，愈是风雪肆虐，其色泽愈加苍翠。材得以用时，被刀劈斧斫，杀身以作宫殿之梁，如《艳歌行》中描写的"南山老松"；材不得用时，终老山间、涧底而无人得知，如左思、王勃笔下的涧底松；

大雪压青松（张振国摄）

受到岩石压制时，为求生存而努力突破环境的限制，于是变为奇松怪柏，虽乖生理、呈异态，其中却蕴含一股勃勃不灭之生气，自能呈现奇谲瑰丽之面貌，如陆龟蒙等笔下的怪松；枯、病类松柏，则表现了美好的事物受摧残，人生有价值的东西遭毁灭的悲剧美，如杜甫的《病柏》。这种在恶劣困苦环境中挣扎，在寂寞中燃烧理想的坚韧精神和凛然风骨，赋予松柏形象崇高的悲剧美学价值。

三

前面介绍了松柏的实用价值、审美价值，但松柏能在众多的植物中脱颖而出，成为阳刚坚贞的经典，更重要的在于其突出的文化价值。松柏是儒家君子人格的象征，与其他植物意象君子人格象征，如竹、莲相比较，松柏的人格象征有着自己的独特性，显示出特殊的文化意义。

松柏四时常青，没有色彩的变化，也不像一般植物春荣秋零，容易引发人生盛衰的感慨，松柏在植物王国中是以比德见长的。先秦儒家关于松柏"岁寒后凋""松柏有心"的命题开创了松柏比德的先声，松柏成为有道君子人格的象征。魏晋六朝时松柏比德有了新的变化，常被用来表现名士的清朗仪表、风骨节操，成为风度和品德的象征。唐代将松柏比德进一步丰富，唐人笔下的松柏常常是文人感物咏怀、托物自喻的媒介，松柏意象中既寄寓了唐人建功立业的抱负心、兼济天下的责任感，又体现了他们丰富的精神世界和独特的人格魅力。宋代松柏比德趋于成熟，松柏意象融合了儒家之气节操守、道家之旷达洒脱和释家之超逸风神，发展出新的比德内涵。宋人由松柏在春夏荣滋之时不争芳于时，生发出青青自若、不随流俗的含义；在松柏栋梁之材的惯常比附外，又演绎出安分随时、不求材用的新理念；在"松柏有心"的传统寓意之外，又生发出"无心""无情"之义；于松柏贞刚品性外，又打造出刚柔相济、高下得宜、清贞兼备的理想人格。松柏比德经过长期的发展，先后形成了岁寒后凋、坚贞有心、孤直不倚、劲挺有节、风雨历练等内涵。其君子人格象征也呈现出不同的形态，既有穷且益坚、耿介孤傲的气节操守，又蕴含了高蹈越俗、淡泊超然的内在精神，其人格拟喻多样，曾被比为仁人义士、贤臣能人、隐者高人等。

四

以上主要说的是文人情趣。松柏是接地气的植物，和普通民众的生活密切相关。在古代的节日民俗活动中，松柏扮演了重要的角色。松柏作为长寿树种的

铺翠铺枝雪未消
一枝寒蕊各飘萧
竹梢鲜道同为友
可任孤松独後凋
丙午孟冬御笔题

〔宋〕马远《岁寒三友图》（局部）

代表，在中国民俗图案中有着广泛的应用。松柏常青，寓意天长地久，民间有送松柏枝或带有松柏图案的香袋传情达意的风俗。在民间传说中，千年松柏可幻化为人形，也就是松柏精怪，于是出现了一些人与松柏精怪之间的遇合故事。民间流传的一些和松柏相关的民歌谚语和习语典故，很多至今还在沿用，成为民间文学和文化表达的经典。

元旦和春节是中国最重要的节日。中国民间风俗，农历正月初一用椒柏酒祭祖或进献家长以示祝寿拜贺之意。元旦这天，无论是大户人家，还是普通百姓，门口往往都张贴门神画像，悬置柏叶、芝梗，用以驱恶镇邪。旧时京师祭岁以松枝燎院，称作"松盆"，除夕夜人们在庭院前燃松枝、柏叶等，有除旧迎新的寓意。北方人的年夜饭以黄、白两色米煮成，称为"金银米"，上面习惯插上松柏枝，并以金钱、枣、栗、龙眼作装饰，一般从除夕供到初五，代表年年有余粮。

松柏在中国民俗图案中应用广泛。"百事大吉"由柏树、柿及橘构成，寓意为幸福吉祥、事事如意。"福禄寿"图案由蝙蝠、鹿和松组成，"蝙蝠""鹿"谐音"福""禄"，松树寓意长寿。还有"松鹤长春图""岁寒三友图"等都是民间常见的吉祥图案。民间有男女借松柏传情的风俗，把松柏枝作为定情物，和排草、玫瑰花瓣放在一起，或在香袋上绣上"松柏常青"的图案送给意中人。因为松柏常青，寓意两人情意长长久久。

松柏素以长寿著称，有"木中之仙"的称谓。在民间信仰中，梦见松柏被解读为两种截然相反的含义：一是梦见松柏为不祥，因为松柏是最常见的墓地树种；二是梦见松柏是吉祥富贵的征兆，因为松柏代表着长寿福禄。两种相反的内涵奇妙地统一在松柏意象中，借助梦境的阐释，古人既表现出对死亡的理性接受，又表现出对生命价值的积极探求，古老的松柏意象由此变得丰富起来。

五

松柏自古就与人的生活具有密切的关系。松柏的生命力旺盛，对土壤的适应性强，在中国大地上有着普遍的分布；松柏的应用价值很高，被广泛地用于建筑、饮食、医药、保健、薪材、照明等，其木、花、果、叶、脂都在古人的生活中发挥过重要作用；其耐寒常青的属性更得到各个时代文人的一致推崇，被视为高洁人格和坚贞操守的象征，曾激发无数的歌咏赞叹。与古人生活的密切关系，奠定了松柏在中国传统文化中的重要地位。

松柏是中国文学史上重要的题材和意象。松柏题材和意象的作品数量繁多，在同类题材创作中有着显著的优势，其历史地位大致与梅、竹、杨柳相当。松柏题材和意象创作不仅数量不菲，质量也相对较高。有关松柏题材的作品，被《文苑英华》收有 30 余篇，被《佩文斋咏物诗选》收录 90 余篇，被《古今图书集成》收集近 300 篇，所载作品多是名篇佳作。

伴随中国文学发展的进程，松柏在审美欣赏、文化意蕴等方面都获得了丰富积累。在每一个时代，松柏人格象征主流的都是有道义、有气节、高瞻远瞩、勇于担当、以天下为己任的社会中坚力量，松柏的气节操守更成为各个时代人们人格自励的动力源泉。华夏民族精神中的一些重要素质，如重道德、重节操、自强不息、坚韧不拔、人格独立、淡泊名利、安贫乐道等，在松柏意象的人格内涵中都有表现。可以说，松柏已成为我们民族理想人格的符号，代表了中国文人对高洁人格和坚贞操守的向往和追求。松柏在各个时代不断地被关注、被描写，说明这个符号在中国文化中不断地被强化。研究松柏，为我们研究中国文化提供了一个切入口。

松柏意象的文化意蕴丰富，既蕴含长生祈望、吉凶寓意、人事感应、自然崇拜等内涵，又关系着隐逸、游仙、修禅、悟道等，其文化内涵涉及音乐、绘画、园林、饮食、民俗等多个领域。

总之，无论从文学地位、历史作用，还是从文化意义来看，松柏意象都显示出重要性。

中国古代文学中的松柏题材和松柏意象对现代文学的创作和当代人格的塑造产生了深刻的影响。陈毅的《青松》大家耳熟能详："大雪压青松，青松挺且直。要知松高洁，待到雪化时。"借青松抒写出了中华民族在面对压迫时不畏艰难、愈挫弥坚的精神，这其实是对松柏"岁寒后凋"命题的发扬。陶铸在《松树的风格》中说："我对松树怀有敬畏之心不自今日始。自古以来，多少人就歌颂过它，赞美过它，把它作为崇高的品质的象征。""杨柳婀娜多姿，可谓妩媚极了，桃李绚烂多彩，可谓鲜艳极了，但它们只是给人一种外表好看的印象，不能给人以力量。松树却不同，它可能不如杨柳与桃李那么好看，但它却给人以启发，以深思和勇气。"将松树作为有着顽强毅力、乐观主义精神和自我牺牲精神的中国人的象征，在那个时代引起了强烈的共鸣。近年来关于推选国树的民间讨论中，松树的呼声一直很高，在由林业专家预测的国树候选名单中，松树与杨柳、银杏、水杉等具中国特色的树种名列前茅；民间对松树竞争国树也很看好。松在中国人的心目中之所以有如此崇高的地位，正是民族文化长期选择和积淀的结果。

目 录

总序 / 001

前言 / 001

植物特性篇 ───────────────────────────

一、松柏的自然属性

竹苞松茂 / 003　　释桧 / 005　　金松 / 005　　柳柏赋（节选）/ 007

五粒小松歌 / 008　　竹柏 / 009　　栝子松 / 010　　侧柏 / 010　　松（李时珍）/ 011

柏（节选）/ 012

二、松柏的资源分布

禹贡（节选）/ 014　　钱来山 / 015　　柏谷 / 017　　庐山草堂记（节选）/ 018

西湖万松岭 / 020　　古八百里黑松林 / 020　　曲靖黑松林 / 021

游黄山记（节选）/ 022　　黄山松 / 025　　梅岭多松 / 027　　蜀道翠云廊 / 029

三、松柏的栽培技艺

岩松盆景 / 031　　马塍花窠 / 032　　天目松盆景 / 033　　种松 / 034

仁里"花果会" / 036

社会应用篇

一、松柏的建筑应用

殷武（节选）/ 040　艳歌行·其二 / 042　君子树 / 042　松架 / 043

二、松柏的饮食应用

煮茶诗（节选）/ 045　浣溪沙（并序）/ 046　桧花蜜 / 047

松黄饼 / 048　松花酒 / 049　三清茶（节选）/ 050

松穰鹅油卷 / 051　茯苓霜 / 052　松菌 / 052

王太守八宝豆腐 / 053　松苓酒 / 054

三、松柏的医药应用

仙药 / 055　茯苓面 / 057

四、松柏的园林应用

平泉山居草木记（节选）/ 058　松岛 / 059　驾霄亭 / 061　松树宜称 / 062

龙窝园 / 063　万壑松风（并序）/ 063

五、松柏的其他应用

竹竿（节选）/ 065　乐府·其六 / 065　松炬 / 067　幽人笔 / 067

松花纸 / 068　新安墨 / 069　十一月上七日蔬饭骡岭小店（节选）/ 070

雷威作琴 / 071　松坪书隐记（节选）/ 073　发烛 / 074　艾衲香 / 075　松明 / 075

文化风貌篇

一、文学作品中的松柏

山鬼（节选）/ 081　赠从弟·其二 / 082　孔雀东南飞（节选）084

和郭主簿（节选）/ 087　高松赋（节选）/ 088　伤往诗·其二 / 089

遥同蔡起居偃松篇 / 090　山居秋暝（节选）/ 092

于五松山赠南陵常赞府（节选）094　赠韦侍御黄裳·其一 / 095

赠孟浩然（节选）/ 096　古柏行 / 097　佳人（节选）/ 099

进画松竹图表（节选）/ 099　欹松漪 / 102　罪松 / 103　衰松 / 104

和松树（节选）/ 105　寄题蒉屋厅前双松 / 105

小松 / 106　松（李山甫）/ 107　和古寺偃松 / 108　醉卧松下短歌 / 109　北风吹 / 110

古树 / 111　宿州村家有种柏作篱者戏嘲之 / 112

二、绘画作品中的松柏

松柏气韵 / 116　枯木怪石图 / 117　春山瑞松图 / 118

万壑松风图 / 119　松寿图 / 121　岁寒三友图 / 122

幽涧寒松图 / 123　山路松声图 / 124　品茶图 / 126

细雨虬松图 / 127　松鹤图 / 128　柏鹿图 / 129

松鹤回春图 / 130　古柏灵芝图 / 130

三、宗教文化中的松柏

飞节芝 / 132　　至陵阳山登天柱石酬韩侍御见招隐黄山（节选）/ 133

过桐柏山 / 134　　摩顶松 / 134　　戏答陈季常寄黄州山中连理松枝（二首）/ 135

吕洞宾度松树 / 137　　松林秋月 / 138

四、民俗节庆中的松柏

三多九如 / 140　　孟冬礼俗 / 143　　墓上树柏 / 144　　元旦 / 145

天子树松，诸侯树柏 / 146　　道边松 / 146　　松鹤长春 / 147

岁寒三友 / 148　　松菊延年 / 149　　百事大吉 / 150

百事如意 / 150　　五瑞图 / 152　　五清图 / 152　　除夕 / 153

门神 / 153　　年饭 / 154

五、掌故传说中的松柏

柏舟自誓 / 155　　剑挂孤松 / 156　　西陵松柏 / 157

始皇封松 / 158　　荥阳松鹤 / 159　　松柏之质 / 161　　培塿无松柏 / 162

栋梁之用 / 163　　寒木春花 / 163　　裴邃更生 / 165

弘景恋松 / 166　　麈尾松 / 167　　松精成使者 / 169　　松柏成林 / 170

狄仁杰廷净护法 / 171　　七松处士 / 172　　并禁月明 / 173

莱公柏 / 173　　松柏之志 / 174　　木长官 / 175　　松萝共倚 / 175

海外见闻 / 176　　九里松 / 177　　七星松 / 179

柏梁台 / 180　　松柏荣枯 / 181

价值意义篇 ———————————————————————

一、松柏的形象特征

夏日山中 / 185　松下雪 / 186　风入松 / 186　双管齐下 / 188　记游松风亭（节选）/ 189

松声 / 190　茶声 / 193　暑夜闻松声 / 195　九纹龙剪径赤松林 / 196

乌龙岭神助宋公明 / 197　黑松林三众寻师 / 199　鲁府松棚 / 201

轩辕柏 / 202　迎送松 / 202

二、松柏的神韵品格

游仙诗（节选）/ 203　饮酒·其八（节选）/ 204　孤松独立 / 206　松（王睿）/ 208

春 / 209　次韵杨明叔见饯十首·其九 / 209　初到建宁赋诗一首 / 210

殿前欢·观音山眠松 / 211

三、松柏的象征意义

岁寒后凋 / 214　松柏有心 / 214　青青陵上柏（节选）/ 216　咏怀诗 / 216

咏史·其二 / 217　饮酒·其四 / 220　病柏 / 221　怪松图赞并序（节选）/ 222

正邪之辨 / 224　滕县时同年西园（节选）/ 226　毁门进古松 / 227

四、松柏的价值地位

松柏独青青 / 228　君子树（序）/ 229　字说（节选）/ 231

友松诗序（节选）/ 232　苍松古柏 / 233

附录　松柏诗文名句 / 235

植物特性篇

松柏在我国自然分布广泛，资源丰富，栽培历史悠久。松柏不畏严寒的生物属性，易于引起"比德"的联想，为其人格内涵的逐步形成奠定了基础。

雪后青松（张振国摄）

松树和柏树同属裸子植物门，是我国原始森林的主要构成树种，具有悠久的历史。松树叶多为针形，呈束状；球果塔形，褐色，鳞片层层叠叠，中有松子，秋季松果成熟后鳞片自然张开，松子脱落。柏树叶多为鳞形，扁平；球果状如小铃，蓝绿色，芬芳可爱。松和柏在生姿、性状和功用价值方面都比较接近，因此，人们习惯上合称"松柏"。松柏的生命力和适应性都很强，对土壤、气温、水分等都没有很高的要求，这种超强的适应能力在树木之中是首屈一指的。松柏在我国的自然分布广泛，几乎遍及全国，从《古今图书集成》引用的地方志来看，我国有很多地方、景观因生长松柏而得名。中国古代典籍中对松柏的记载颇为丰富，涉及自然资源、生物禀性、形貌姿态、社会功用及象征意义诸多方面。

一、松柏的自然属性

松柏是松树和柏树的合称。松从广义来说，是松科植物的泛称；从狭义来说，专指松属的植物。松属常绿乔木，少数为灌木，大枝在干部同一位置分生数枝，叶有鳞叶和针叶两种，针叶更为常见。松针有一束二针，有一束三针，有一束五针。初春时开浅黄色松花，花蕊上有金黄色花粉。花落后结球状松果，深秋时松果成熟，内有松子，清香美味。柏是柏科常绿乔木或灌木，叶交叉对生或轮生，鳞形或刺形，结球形果实。松柏生性耐寒，四时常青，枝干形态较为醒目，主干或直上、或盘曲、或俯偃，变化丰富。古松老柏皮呈青铜色，粗糙皲裂，表皮往往附生一些霉菌、苔藓、蠹虫，色彩斑驳，最能显示久历岁月的印迹，因此而成为最有代表性的长寿树种。

松柏审美价值和实用价值兼备。松柏具有良好的观赏性，有翠色，有幽姿，有浓荫，有月影，有雪枝，有清音，既可单独造景，也可与其他花木搭配成景。松柏材质坚韧，气味芳香，不生蠹虫，木材既可以用来做建筑的栋梁，也可以用来打造家具。即使制成了家具，其木材依然保持独有的香味。在生活资料缺乏的古代，松柏枝被普遍用于照明和薪材。此外，松花、松脂、松子、茯苓、柏叶、柏实等具有食用价值和药用价值，在医药业和饮食业被广泛利用。

竹苞松茂^[1]

《诗经》

秩秩^[2] 斯干^[3]，幽幽南山^[4]，如竹苞^[5] 矣，如松茂矣。

【注释】 [1] 本诗节选自《诗经·小雅·斯干》。题目为编者所加。 [2] 秩秩：水流之貌。 [3] 干：两山间的流水。 [4] 南山：指西周镐京南边的终南山。[5] 苞：竹木稠密丛生的样子。

【品析】 《诗经》是我国古代第一部诗歌总集，作品产生的时代，上起西周初年，下迄春秋中叶，是中国优秀传统文化中的核心经典之一。本诗是一首祝贺周王宫室落成的吉辞，所选内容为吉辞的首章。对于诗中"如竹苞矣，如松茂矣"的描写，唐代的孔颖达是这样解释的："以竹言苞，而松言茂，明各取一喻，以竹笋丛生而本概（jì），松叶隆冬而不凋，故以为喻。""竹苞松茂"本指竹子繁盛茂密，松叶经冬不凋。此诗以"竹苞松茂"比喻根基稳固，枝叶繁荣。后因以为典，喻家族兴旺。《小雅·天保》中"如松柏之茂，无不尔或承"之句更反映出先民对松柏生物特点的准确把握：松柏树叶并非不凋，只是新陈代谢旺盛，旧叶凋落，新叶即续生，是以常茂盛青青，相承无衰落也。

《小雅·斯干》诗中说的"南山"是终南山，位于陕西省境内秦岭山脉中段。这说明西周和春秋时期终南山上有茂密的竹林和松林。《诗经》中有关松柏的描写还有很多，如《鲁颂·闷宫》"徂徕之松，新甫之柏"，《商颂·殷武》"陟彼景山，松柏丸丸"，《卫风·竹竿》"淇水悠悠，桧楫松舟"，《大雅·皇矣》"帝省其山，柞棫斯拔，松柏斯兑"。《鲁颂·闷宫》的"徂徕"即徂徕山，位于今山东省泰安市东南；"新甫"即新甫山，亦称宫山，位于今山东省新泰市西北。《商颂·殷武》的景山在今河南省安阳西部山区一带。《大雅·皇矣》所写的"其山"为岐山，位于今陕西省岐山县东北。从《诗经》中这些质朴的诗句即可见松柏在上古时期原始分布之广泛，与人民生活关系之密切。

［清］袁江 《松苞竹茂图》（故宫博物院藏）

释桧[1]

《尔雅》

枞，松叶柏身；桧，柏叶松身。

【注释】 [1] 本篇选自《尔雅·释木》。题目为编者所加。

【品析】《尔雅》是辞书之祖，成书时间不会晚于西汉初年。《尔雅》最早著录于《汉书·艺文志》，但未载作者姓名。书中收集了比较丰富的古汉语词汇。这条词条介绍了桧的形态特征，叶类柏，身如松。桧叶尖硬刺人，又呼为刺柏。此外，桧还有圆柏之称，如宋代罗愿《尔雅翼》卷九"释木一"："桧，今人亦谓之圆柏，以别于侧柏。又有一种别名桧柏，不甚长，其枝叶乍桧乍柏，一枝之间屡变，人家庭宇，植之以为玩。"明代李时珍《本草纲目》"木一"也有类似描述："松桧相半者，桧柏也。"桧的幼树叶子呈针状，大树的叶子呈鳞片状，果实球形。桧树成熟后，木质呈桃红色，有香味，可供建筑等用。

金松[1]

[唐]李德裕

台岭生奇树，佳名世未知。纤纤疑大菊，落落是松枝。照日含金晰[2]，笼烟淡翠滋。勿言人去晚，犹有岁寒期。

【注释】 [1] 金松：又名金钱松，落叶乔木，出自天台山，新春、深秋时叶带金色。 [2] 金晰：清晰的金色。

【品析】 李德裕（787—850），字文饶，小字台郎，赵郡赞皇（今河北赞皇县）人，唐代杰出的政治家、文学家。李德裕经历宪宗、穆宗、敬宗、文宗、武宗、宣宗六朝，一度入朝为相，李商隐为其《会昌一品集》作序时，誉之为"万古良相"。

金松是李德裕平泉别业中种植的一种奇树。金松，又名金钱松，树干通直，枝平展，树冠宽塔形。长枝之叶辐射伸展，短枝之叶簇状密生，平展成圆盘形，

金钱松（《中国景观植物应用大全》，中国林业出版社 2015 年版）

似铜钱，故有"金钱松"之称。金松树姿优美，深秋叶色金黄，极具观赏性，可孤植、丛植、列植或用作风景林。李德裕《春暮思平泉杂咏二十首》记载了金松的来历，如"金松，出天台山，叶带金色"。正如《金松》诗中所描写的那样，金松的松叶细长，簇生如圆盘，叶带金色，就像是松枝上绽放的一朵朵菊花。

　　李德裕另有一篇《金松赋》，小序中说："予因晚春夕景，命驾游眺，忽睹奇木，植于庭际，枝似柽松，叶如瞿麦。迫而察之，则翠叶金贯，粲然有光。访其名，曰金松。""枝似柽松，叶如瞿麦"是金松的形态特征。赋文中对金松之美有更详尽的描绘："其柯肃肃，可比于贞松；其叶纤纤，实侔于瞿麦。风入叶而成韵，露垂柯而流液。不受命于严霜，谅同心于寒柏。含春霭而葱茜，映夕阳而的皪。疑翠尾之群翔，若金潭之旁射。杂爽籁于篁竹，混晶光于瑶碧。奇树以垂珠而擅名，金松以潜颖而莫觊。"文中赞美了金松刚柔相济的特点：树干挺直坚贞似松，树叶却纤弱细长如瞿麦，色泽碧中泛黄，金光粲然；生性不畏严霜，有似寒柏；在春天的云雾中显得青翠茂盛，在夕阳的映照下愈加引人瞩目；像是翠羽成群，翩翩飞舞，又如金潭旁射，炫人眼目。上述文中无不生动地说明金松是一种珍贵的观赏树种。

柳柏赋[1]（节选）

[唐]李德裕

夫受天地之正者，惟松柏而已。故圣人称其有心[2]，美其后凋[3]。岂无他木，莫可俦匹[4]。予尝叹柏之为物，贞苦有余而姿华不足，徒植于精舍，列于幽庭，不得处园池之中，与松竹相映。独此郡有柳柏，风姿濯濯[5]，宛若萁[6]杨，而冒霜停雪，四时不改，斯得为之具美矣。惜其生而遐远，人罕知之，偶为此赋，以贻[7]亲友。……

何炎徼[8]之僻陋，或珍木而在兹。齐蓊蔚[9]于兰若[10]，俪[11]芬芳于桂枝。远而象之，耸干参差，疑翠旌之陆离[12]；迫而玩之，布叶低垂，若羽盖之葳蕤[13]。又似翠列巢以群栖，鸾奋翼而来仪。含轻烟于夕景，泣零露于朝曦。待秋实之繁衍，缀青珠以累累。嗟乎！材不可备，人亦如斯。子张[14]之容虽盛，柳惠[15]之贞则亏。有长孺[16]之正色，无思曼[17]之风姿。叹此物之具美[18]，以幽深而见遗[19]。

【注释】 [1]本文选自唐代李德裕的《柳柏赋》。 [2]圣人称其有心:典出《礼记·礼器》，"其在人也，如竹箭之有筠也，如松柏之有心也，二者居天下之大端矣"。 [3]美其后凋:典出《论语·子罕》，"岁寒，然后知松柏之后凋也"。 [4]俦匹:相比。 [5]濯濯:清朗、清新。 [6]萁:草木初生的嫩芽。 [7]贻:赠给。 [8]炎徼（jiǎo):南方炎热的边区。 [9]蓊蔚:草木茂盛貌。 [10]兰若:兰草和杜若。 [11]俪:并列,比。 [12]陆离:形容色彩繁杂。 [13]葳蕤（ruí):华丽的样子。 [14]子张:颛孙师，字子张，春秋战国时期陈国人，孔门十二哲之一。子张为人相貌堂堂,极富资质。孔子评价子张说"师也辟",说子张才过人，失在有些邪辟，喜欢文过饰非。 [15]柳惠:柳下惠，春秋时期鲁国人，是鲁孝公的儿子公子展的后裔。"柳下"是他的食邑，"惠"则是他的谥号，所以后人称他"柳下惠"。柳下惠被认为是遵守中国传统道德的典范，他"坐怀不乱"的故事在中国历代广为传颂。 [16]长孺:汲黯，西汉名臣，字长孺。汲黯为人耿直，好直谏廷净，汉武帝刘彻称其为"社稷之臣"。班固《汉书·叙传》:"长孺刚直，义形于色，下折淮南，上正元服。" [17] 思曼：南朝人张绪，字思曼，气度优雅，姿态娴静。据《南史·张绪传》载，齐武帝时，芳林苑落成，益州刺史刘悛进献蜀柳。这种柳树枝条细长，状若丝缕，微风一吹，姿态飘柔。齐武帝把它种在灵和殿前，观赏玩味，感慨地说："此杨柳风流可爱，似张绪当年时。"后因以"张绪风流"称颂他人潇洒俊逸，谈吐风雅。 [18] 具美：完美；皆美。 [19] 见遗：被遗弃。

【品析】 本文首段内容为《柳柏赋》前的小序，说明了创作这篇赋的缘由，强调草木中只有松柏受天地的正气而生。《礼记》中圣人称赞松柏坚贞有心，《论语》中赞美松柏岁寒后凋，其他树木都无法与之相比。可惜的是柏坚贞苦寒有余，风姿光彩不足，所以多被种植在学社、书斋、寺院或幽庭，不能处园林池馆之中，和松竹相互映衬。独有柳柏，风姿绰约，犹如杨柳，而又不畏严寒，四时青翠，可谓两美兼备。可惜出产地偏远，很少有人知道它。所以作者写下这篇赋，以宣扬柳柏的美名。

所选正文描述了柳柏的形态与特征。柳柏茂盛如香兰、杜若，芬芳如秋桂。远望树干高耸参差，就像翠羽装饰的旌旗；近看树叶低垂密布，如繁茂华丽的羽盖。秋天结实累累，青青的圆珠缀满枝头。一般来说，树木很难众美兼备，人也是这样。子张仪表堂堂，在孔子弟子中是仪容最出众的，但欠缺柳惠的节操；像长孺的正色凛然之人，又缺乏思曼的仪表风姿。柳柏既有坚贞的品性，又有曼妙的身姿，这在树木中是尤为可贵的，可惜却生长在偏僻的地方而不为人知。

从李德裕的《平泉山居草木记》可知，柳柏是从江西宜春移植到洛阳平泉山庄的，是其他洛阳名园所没有的品种。

五粒小松歌 [1]

[唐] 李贺

蛇子蛇孙 [2] 鳞蜿蜿，新香几粒洪崖 [3] 饭。绿波浸叶满浓光，细束龙髯 [4] 铰刀剪。主人壁上铺州图 [5]，主人堂前多俗儒。月明白露秋泪滴，石笋溪云肯寄书。

【注释】 [1]五粒小松：松的一种，因一丛五叶如钗形而得名。或以为五粒之粒当读为鬣（liè），讹为粒，每五鬣为一叶，故又称"五鬣松"。一说，一丛有五粒子，形如桃仁，可食，因以粒名之。 [2]蛇子蛇孙：比喻小松，松树枝干蜿蜒，树皮鳞状，有如龙蛇。 [3]洪崖：传说中仙人名。 [4]龙髯：比喻松针。 [5]州图：州县的地图。

【品析】 李贺（790—816），字长吉，唐代浪漫主义诗人，有"诗鬼"之称。李贺长期的抑郁感伤、焦思苦吟的生活方式，使得他二十七岁便英年早逝。

诗篇前四句吟咏五粒小松的形态风神。小松虬曲蜿蜒，遍身鳞甲，状如龙蛇；松果飘香，松子饱满，是仙家之饭。松叶油亮润泽，如绿波浸寻；松针细束，整齐如铰刀剪。后四句写小松不得其所。主人壁挂地图，结交俗儒，明显是被世俗牵绊之人，这与小松的高雅显然不匹配。孤独的小松，秋夜不禁对月坠泪，想念昔日山中伴侣——石笋和溪云。诗人以拟人的手法，将自己不满现实、渴望自由的思绪，寄托于五粒小松的形象中，委婉含蓄，别有一番情致。

竹 柏 [1]

[宋]宋祁

（竹柏）叶与竹类，致理如柏。以状得名，亭亭修直。

【注释】 [1]选自宋代宋祁《益部方物略记》。题目为编者所加。宋祁（998—1061），字子京，小字选郎，北宋著名文学家、史学家、词人。

【品析】《益部方物略记》是一本记录剑南地区草木、药材、鸟兽等物种的书。这里介绍了竹柏的形态特征。竹柏叶形似竹，狭长纷披，树干像柏，修长挺直，因此得名"竹柏"。明代李时珍《本草纲目》"木部"柏条记载可与《益部方物略记》互相印证："峨眉山中，一种竹叶柏身者，谓之竹柏。"清代嵇璜《续通志》卷一七六也有类似描述："竹柏，生峨眉山中，叶繁长而箨似竹，其干类柏而亭直。"清代陶澍的诗歌《竹柏得其真》这样吟咏竹柏："竹柏何年植，清标旧结邻。空山无限意，本性有其真。翠重偏禁冷，枝高迥出尘。雪封千个峭，霜抱十围新。

太古常留色，群芳枉作春。心筠通表里，风雨自精神。对鹤思同契，栖鸾即此身。托根期得地，招隐谢前人。"诗歌赋予竹柏坚贞、通达和隐逸的寓意，可以说将竹与柏的精神合而为一。

栝子松[1]

[宋]周密

凡松叶皆双股，故世以为松钗，独栝松每穗三须，而高丽所产每穗乃五鬣焉，今所谓华山松是也。

【注释】[1]选自宋代周密《癸辛杂识》。题目为编者所加。周密（1232—1298），字公谨，号草窗，又号四水潜夫、弁阳啸翁、华不注山人等，祖籍济南，后流寓吴兴，宋末曾经担任义乌县令，元后便隐居不仕。其主要作品有笔记体史学著作《齐东野语》《武林旧事》《癸辛杂识》等，有词集《蘋洲渔笛谱》《草窗词》，其词风格秀雅清润，颇有成就，与吴文英合称"二窗"。

【品析】《癸辛杂识》是一部史料笔记，分前、后、续、别四集，本文所选内容出自前集。这里介绍了栝子松的特点。松叶多两针一束，因其双股如钗状，故名"松钗"，独栝子松三针一束。栝子松俗称剔牙松，种子可食。明代王世懋《学圃杂疏·果疏》曰："栝子松俗名剔牙松，岁久亦生实，虽小亦甘香可食。"清代陈淏子《花镜》对剔牙松也有介绍："惟剔牙松青皮而嫩，稍伤其皮，则脂易溜，须以火铁烫止，用粪泥密封，方不泄气。"

侧 柏[1]

[明]李时珍

柏有数种，入药惟取叶扁而侧生者，故曰侧柏。

【注释】[1]选自明代李时珍《本草纲目》。题目为编者所加。李时珍（1518—1593），字东璧，晚年自号濒湖山人，湖北蕲春县人，明代著名医药学家，著作有《本草纲目》《奇经八脉考》《濒湖脉学》等，被后世尊为"药圣"。

【品析】 这里介绍了侧柏的药用价值和得名的由来。扁柏又称侧柏，小枝扁平，叶鳞片状，侧向而生，因此得名"侧柏"。叶和枝入药，可收敛止血、利尿健胃、解毒散瘀；种子有安神、滋补强壮之效。扁柏还具有观赏价值，清代陈淏子《花镜》卷三"花木类考"记载："惟扁柏为贵，故园林多植之。因其叶侧向而生，又名侧柏。"侧柏是最常见的柏树树种，人工栽培范围几遍全国。

松[1]

[明]李时珍

松树磊砢[2]修[3]耸多节，其皮粗厚有鳞形，其叶后凋[4]。二三月抽蕤[5]生花，长四五寸，采其花蕊为松黄。结实状如猪心，叠成鳞砌[6]，秋老则子长鳞裂[7]。然叶有二针、三针、五针之别，三针者为栝子松，五针者为松子松。其子大如柏子，惟辽海及云南者，子大如巴豆[8]可食，谓之海松子，详见果部。

松果图（视觉中国供图）

【注释】 [1]本篇选自明代李时珍《本草纲目》"木部","松"条。　[2]磊砢（kē）：形容植物多节；亦喻人有奇特的才能。　[3]修：长。　[4]凋：草木枯败脱落。　[5]蕤：花。　[6]鳞砌：依次序排列如鱼鳞状。　[7]裂：破而分开。[8]巴豆：这里指巴豆的种子，可入药。

【品析】 明代李时珍的《本草纲目》是我国古代本草学的集大成之作。《本草纲目》中"松""柏"两部分详述了松柏的植物特性，如松脂、松叶、松节、松子、松花、茯苓、松蕈、柏根、柏实、柏叶、柏皮的药用价值、服食方法等，语言简明生动。

这段文字介绍了松的生姿、性状与分类。松树干修长、高耸、多节，树皮鳞状，树叶四时常青，二三月开花，淡黄色，花落结实；球果由种鳞组成，层层排列如塔，因名"松塔"。球果成熟时种鳞张开，种子脱落。松叶有二针、三针、五针的分别，三针的为栀子松，五针的为松子松。

柏[1]（节选）

[明]《群芳谱》

一名椈树。耸直，皮薄，肌腻。三月开细琐花，结实成球，状如小铃，多瓣。九月熟，霜后瓣裂，中有子大如麦，芬香可爱。

【注释】 [1]本篇选自明代王象晋《群芳谱》。《群芳谱》全称《二如亭群芳谱》，是一部农书。该书述谷蔬、茶竹、桑麻、药木、花卉、鹤鱼之大略，蕴藏了丰富的农学思想和农业科学技术知识。作者王象晋，明代山东新城（今桓台）人，万历进士。

【品析】 这段文字以诗意的语言对柏树进行了介绍，字里行间充满了一种盎然的情味。柏，又叫"椈树"，常绿乔木，树干耸直，小枝细，下垂，叶鳞形。三月开细碎的小花，结球状的果实，形状像小铃，多瓣。九月份柏实成熟，下霜后瓣裂开，中间有大小如麦粒的籽，芳香可爱。

柏树木材呈淡黄褐色，皮薄肌腻，供建筑、造船、制家具等用。柏的品种有侧柏、圆柏、龙柏、凤柏、翠柏、柳柏、桧柏、璎络柏等多种，其中以侧柏最为常见。

柏实图（王颖摄）

柏花图（王颖摄）

二、松柏的资源分布

　　松柏资源包括天然林和人工种植林两类。松柏根系发达，对土壤的适应能力很强，甚至在干旱、贫瘠的土地都可以存活。我国古代松柏的分布广、规模大、资源多，南北方都有分布。上古时期松柏主要分布在我国西北、北部，南方部分地区也有松柏资源，这在古代文献、文学作品中都有记载和反映。相对来说，上古时期对南方松柏的记载和描写要少得多。但这并不是说这一时期南方就没有松柏，只是因为松柏耐寒，北方天气寒冷，尤其严冬树木凋零，苍翠郁茂的松柏更容易引起人们的注意。而南方气候温暖，一年四季花木葱茏，松柏就显得不那么突出了。从文献记载和文学作品来看，中古、近古时期，无论是在中国的北方、中部，还是南方，都有大面积的松柏存在。广泛而丰富的松柏资源，为审美观赏和相关创作提供了便利条件。

禹　贡[1]（节选）

《尚书》

　　海[2]、岱[3]惟青州[4]。……厥贡盐绨[5]，海物[6]为错[7]。岱畎[8]丝、枲[9]、铅[10]、松、怪石。……荆[11]及衡阳[12]惟荆州[13]。……厥贡羽、毛、齿、革惟金三品，杶[14]、干[15]、栝、柏……

　　【注释】[1]本篇选自《尚书·禹贡》。《尚书》用自然分区方法记述当时中国的地理情况，把全国分为冀、兖、青、徐、扬、荆、豫、梁、雍九州，假托为夏禹治水以后的政区，分别叙述各地的山岭、河流、泽薮、土壤、物产、贡赋、交通等，是中国最早的一部科学价值很高的地理著作。　[2]海：这里指的是渤海。[3]岱：指的是泰山。　[4]青州：禹所划分的九州之一，地处今山东半岛，东北到辽宁东部一带。　[5]绨（chī）：一种精细的葛布。　[6]海物：指的是海鱼这类可以食用的海产品。　[7]错：治玉的磨砺石。　[8]岱畎（quǎn）：泰山的沟谷。　[9]枲（xǐ）：指麻，一种纤维可以做成麻布的原料。　[10]铅：青白色的矿石，能加工用于绘画和涂饰。 [11]荆:荆山,位于今湖北省南漳县西。 [12]衡阳:衡山的南麓。 [13]荆州:禹划分的九州之一,范围主要是今湖北中南部、湖南中北部、四川与贵州的一部分。 [14]杶(chūn):椿树。 [15]榦:柘(zhè)木,可以做成弓。

【品析】《尚书》,又称《书经》,是我国现存最早的史书。按朝代分为虞、夏、商、周四部分。"尚"通"上","书"即文档、文书。战国时称《书》,汉代改称《尚书》,即"上古之书",沿用至今。

《尚书·禹贡》中记载了各地的物产分布情况,以及各地贡赋的品种、途经的路线等。这里选录的是青州、荆州的物产和贡品。青州的贡品是盐、细葛布、海产品以及磨玉的砺石,并有泰山山谷地区所出产的丝、麻、铅、松以及奇形怪状的玉石。关于"岱畎丝、枲、铅、松、怪石",西汉经学家孔安国注:"岱山之谷出此五物,皆贡之。"说明松木曾经作为青州珍贵的特产之一进贡给周王朝。荆山到衡山南面的广阔地带就是荆州。荆州的贡品有羽毛、旄牛尾、象牙、兽皮以及黄铜、青铜、红铜,椿树、柘木、桧树、柏树。此外,《墨子·公输》也记载墨翟说:"荆有长松、文梓、梗楠、豫章,宋无长木,此犹锦绣之与短褐也。"可见,松柏在上古时期是荆州地区的主要树种之一。

钱来山[1]

《山海经》

华山之首,曰钱来之山,其上多松,其下多洗石[2]。

【注释】[1]本篇选自《山海经·西山经》。 [2]洗石:含碱的石头,可以用来擦去污垢。

【品析】《山海经》是我国古代地理名著。关于其作者和成书时间,今已无可考。一般认为,该书非出自一人一时之手,初成书时约为战国时期。《山海经》内容庞杂,涉及古代山川、物产、祭祀等多方面内容,可看作上古时代的百科全书。书中主要以记载各地地理为主,所记范围非常之广,涉及我国以及东亚和中亚等地区。

《山海经·西山经》中介绍的西方第一座山，系华山山系的首座山，叫钱来山，山上有很多松树，山下有很多洗石。《山海经》对植物分布的记载较为详细，记载了柏23次，松18次，其中有10多次说到松柏的分布，例如：

　　钱来之山，其上多松……

　　白于之山，上多松柏……

　　涿光之山……其上多松柏……

　　潘侯之山，其上多松柏……

　　诸余之山……其下多松柏……

　　咸山……是多松柏……

　　谒戾之山，其上多松柏……

　　骄山，……其木多松柏……

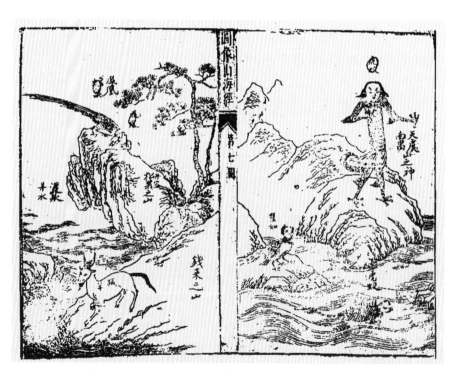

《山海经·西山经》书影

荆山……其木多松柏……

大尧之山，其木多松柏……

翼望之山……其上多松柏……

皮山，……其木多松柏……

董理之山，其上多松柏……

袟篍之山，其上多松柏……

从山，其上多松柏……

婴硬之山，其上多松柏……

这些山集中在今陕西、山西、河南、山东、河北等地。可见，我国上古时期松林分布广、规模大、资源多。广泛而丰富的松林资源，为审美观赏和相关创作提供了便利条件。

柏　谷 [1]

［晋］郭缘生

柏谷，谷名也。汉武帝微行 [2]，所至处长傲宾于柏谷者也。谷中无回车 [3] 地，夹以高原，林柏荫穷日 [4]，殆 [5] 弗睹 [6] 阳景 [7] 也。

【注释】[1]本篇选自晋代郭缘生《述征记》。 [2]微行：微服出行。 [3]回车：行驶中的车辆，向行进方向作一百八十度的回转。 [4]穷日：穷尽一天的时间。[5]殆：几乎，大概。 [6]弗睹：看不到。 [7]阳景：日影。

【品析】《述征记》是一部地记作品，主要记述征途见闻，兼及地方山川地理、资源物产、史迹人物、人文风俗等方面的内容，保存了许多有价值的文献资料。柏谷，古地名，在今河南省灵宝市西南朱阳镇，有柏谷水经过此地。汉武帝曾微服出行到柏谷。谷中连车子掉头的空间都没有，夹有海拔较高、地形起伏较小的大块平地，柏林生长得浓密繁茂，整日幽深阴暗，几乎见不到阳光。

西晋潘岳的《西征赋》云："厌紫极之闲敞，甘微行以游盘。长傲宾于柏谷，妻睹貌而献餐。"李善注引《汉武帝故事》："帝即位，为微行，尝至柏谷，夜投亭长宿。亭长不纳，乃宿逆旅。"汉武帝曾微服出行到柏谷，晚上到亭长那投宿，亭长不接待他，只好去旅店住宿。旅店主人以为是群盗，连夜召集十多个少年，都手执利器，准备"鸣鼓会众，讨此群盗"。旅店女主人慧眼识英雄，觉得武帝等人气宇不凡，不像是盗贼匪类，劝说丈夫善待他们，并为他们杀鸡做食，后来得到了武帝的重赏。

庐山草堂记（节选）

[唐] 白居易

又南抵石涧，夹涧有古松老杉，大仅十人围，高不知几百尺，修柯[1]戛云[2]，低枝拂潭，如幢[3]竖，如盖[4]张，如龙蛇走。松下多灌丛，萝茑叶蔓，骈织[5]承翳[6]，日月光不到地，盛夏风气如八九月时。下铺白石，为出入道。

【注释】[1] 柯：草木的枝茎。　[2] 戛（jiá）云：上摩云霄。戛，触及。[3] 幢：原指支撑帐幕、伞盖、旌旗的木杆，后借指帐幕、伞盖、旌旗。　[4] 盖：伞。　[5] 骈（pián）织：纷繁交错。骈，聚集。　[6] 翳（yì）：遮蔽。

【品析】白居易（772—846），字乐天，号香山居士，唐代诗人。白居易与元稹共同倡导新乐府运动，世称"元白"，与刘禹锡并称"刘白"。

唐元和十年（815）白居易因忠耿直言，得罪权贵被贬江州任司马。次年秋在庐山香炉峰的北面，遗爱寺西偏建造草堂，在此隐逸山居近三年。草堂四周风景秀丽，甲于匡庐，可以听泉，可以看山，可以欣赏花树，真是美不胜收。

从白居易的《香炉峰下新置草堂即事咏怀题于石上》一诗可以看出，庐山草堂附近"有松数十株"。在《庐山草堂记》中，白居易对这片松林进行了细致的描绘：石涧两旁长有古松、老杉，树身几乎要十个人才能合围，树高不知有几百尺，树干直耸似乎能触及白云，枝条低垂轻拂着潭水。这些松树造型各异，姿态万千，有的直立如旌旗，有的低偃如伞盖，有的游走如龙蛇。古松下灌木丛集、茑萝蔓生，枝叶交错荫蔽，日月光华都无法照射到地面，即使盛夏时节也像八九月时那样凉爽。

［五代］荆浩《匡庐图》（台北故宫博物院藏）

西湖万松岭 [1]

[唐] 白居易

半醉闲行湖岸东，马鞭敲镫辔珑瑽[2]。万株松树青山上，十里沙堤[3]明月中。

【注释】 [1] 本篇选自唐代诗人白居易的《夜归》。题目为编者所加。 [2] 珑瑽（cōng）：形容金属、玉石等撞击的声音，这里指辔头上装饰物相互撞击发出的声音。 [3] 沙堤：白沙堤，今称白堤。

【品析】 万松岭在杭州西湖东南缘，凤凰山北麓。唐宋时，这里密布松树，风景秀丽。白居易《夜归》诗中称赞"万株松树青山上，十里沙堤明月中"，"万松岭"因此而得名。清雍正时期《西湖志》记载："万松岭在凤凰山上，夹道栽松。南宋时密迩宫禁，红墙碧瓦，高下鳞次，上有门曰'万松坊'。州城既改，平为大涂，而松亦无几。"清雍正年间，这里补种上万株松树，重现唐宋时期万松岭的风貌，松林每当"天风击夏，如洪涛澎湃，时与江上潮声相应答"，成为清代杭州一处名胜，名为"凤岭松涛"。清代赵贤专门写过一首《凤岭松涛》诗歌咏这一景观："八蟠西岭路迢迢，行尽松岗暑气消。只要风来山便响，方知不是海门潮。"民国时期，林木已日渐减损，抗日战争时期松林被过度砍伐，万松岭已山无林荫。1950 年后，杭州市人民政府在岭上全面营造马尾松，松林又逐渐成荫。

古八百里黑松林 [1]

[元] 冯子振

长城之北又数百里，驰上京[2]东北百数十里，为蹄[3]林，环林四向，皆斥碛[4]沙嶂，松低昂[5]掩冉[6]，殆[7]且千万而未有数，所为古八百里黑松林者也。

【注释】 [1] 本篇选自元代冯子振《十八公赋》。题目为编者所加。冯子振（1257—1314），字海粟，自号瀛洲洲客、怪怪道人，湖南攸县人，元代散曲名家。 [2]上京：元上都，又名上京或滦京，为元朝的夏都。 [3]蹛（dài）：环绕。 [4]碛（qì）：沙石。 [5]低昂：起伏，时高时低。 [6]掩冉：摇曳貌。[7]殆：大概，几乎。

【品析】 冯子振《十八公赋》中所说的离上京东北百数十里的"古八百里黑松林"，在众多资料中都有记载，是我国古代北方规模较大的松林资源。通过对相关材料的梳理，大致可以看出这片松林的原貌和被过度砍伐以致消失的状况。元代王恽的《中堂事记》里记载了这片位于上都东北的大松林，说其中"异鸟群集"，自然生态非常好。元代张嗣德将滦京（元上都的别称，以临滦水得名）的风景名胜抒为《滦京八景》，"松林夜雨"为滦京八景之一，其中有"百万苍虬几雪霜，夜深知雨激沧浪"的句子。可见"古八百里黑松林"在鼎盛时期的壮观景象。元代取松煤于滦阳（即上都），开采规模相当大，冯子振有一首小令《松林》，其中"听神榆树北车声，满载松林寒雨"的句子，正是对松林伐木的描述。元代诗人白埏《续演雅》诗有"滦人薪巨松，童山八百里"的句子。所谓"童山"，指草木不生的山。八百里松林已成"童山"，这一带松林资源被彻底破坏，大约主要是在元代。元代人袁桷有一首《松林行》诗，描写了辽、金、元时期这一带松林的演变情况。当初的"阴阴松林八百里""葱郁拂天镇南北"，因为"采薪之人不辞苦"，终于使得原来的漠漠平林变为驰道，"古八百里黑松林"失去了昔日的状态。

曲靖黑松林[1]

[明] 王绅

以情事未中，上南滇道曲靖，过黑松林。长材巨干，森森数十百里不止切较，其大者固足为栋为梁，而小者亦不失为宑[2]为阒[3]。

【注释】 [1]本篇选自明代王绅《送张士弘归省序》。题目为编者所加。王绅（1360—1400），字仲缙，明代诗人。 [2]宑（máng）：指房屋的大梁。 [3]阒（niè）：门橛，古代竖在大门中央的短木。

【品析】 王绅在《送张士弘归省序》里描写的是明代云南曲靖的百余里黑松林。相对北方来说，古代对南方松林的记载和描写要少得多，因此这类文献对我们了解古代松林资源的分布就更有意义。但这并不是说南方松林资源缺乏，只是因为松树耐寒，北方天气寒冷，尤其严冬树木凋零，苍翠郁茂的松林更容易引起人们的注意。而南方气候温暖，一年四季花木葱茏，松林就显得不那么突出了。正如宋代赵蕃《令逸作岁寒知松柏题诗因作》所说：“不有岁寒时，若为松柏知。南方故多暖，此物宁能奇。”

王绅除了在《送张士弘归省序》里写到这一片黑松林外，还专门写过一首《黑松林》诗：“曲靖有松林，逶迤百余里。苍苍无异色，郁郁有佳致。灵籁天上来，怒涛樾间起。赫日任行空，凄飙常袭体。慨彼贞素姿，一一皆有以。大足任栋梁，小可就规矩。”洪武十四年（1381），都督胡海之子，故龙虎卫指挥使胡斌，从征云南，过曲靖黑松林，突然遭遇蛮寇袭击，胡斌在与蛮寇拼斗时中飞矢阵亡。明太祖御笔诰书，特命加三等褒赠，追认为荣禄大夫。这在索予明的《漆园外撮——故宫文物杂谈》里有详细记载。

游黄山记 [1]（节选）

[清] 钱谦益

汤寺 [2] 以上，山皆直松名材，桧楹 [3] 楩 [4] 楠，藤络莎 [5] 被，幽荫荟蔚。陟老人峰，悬崖多异松，负石绝出。过此以往，无树非松，无松不奇。有干大如胫，而根盘屈以亩计者；有根只寻丈，而扶枝疏蔽道旁者；有循崖度壑，因依如悬度者；有穿罅冗缝、崩迸如侧生者；有幢幢如羽葆 [6] 者；有矫矫如蛟龙者；有卧而起，起而复卧者；有横而断，断而复横者。文殊院之左，云梯之背，山形下绝，皆有松踞之，倚倾还会，与人俯仰，此尤奇也。

始信峰之北崖，一松被南崖，援其枝以度，俗所谓接引松也。其西巨石屏立，一松高三尺许，广一亩，曲干撑石崖而出，自上穿下，石为中裂，纠结攫拿，所谓扰龙松也。石笋矼、炼丹台，峰石特出离立，无支陇，无赘阜，一石一松，如首之有笄 [7]，如车之有盖，参差入云，遥望如荠，奇矣诡矣，

不可以名言矣。松无土，以石为土，其身与皮、干皆石也。滋云雨，杀霜雪，勾乔元气，甲坼[8]太古，殆亦金膏[9]水碧[10]上药灵草之属，非凡草木也。顾欲斫而取之，作盆盎[11]近玩，不亦陋乎？

　　度云梯而东，有长松夭矫，雷劈之仆地，横亘数十丈，鳞鬣偃蹇怒张，过者惜之。余笑曰："此造物者为此戏剧，逆而折之，使之更百千年，不知如何槎枒轮囷，蔚为奇观也？吴人卖花者，拣梅之老枝屈折之，约结之，献春[12]则为瓶花之尤异者以相夸焉。兹松也，其亦造物之折枝也与？千年而后，必有征吾言而一笑者。"

　　【注释】[1]本篇选自清代钱谦益《初学集》。《游黄山记》包括一篇序和九篇记，这里选的是第八篇。钱谦益（1582—1664），字受之，号牧斋，晚号蒙叟。

明末清初常熟（今属江苏）人，明万历进士，崇祯初官礼部侍郎，南明弘光时为礼部尚书。清兵南下，钱谦益率先迎降，任礼部右侍郎管秘书院事。旋归故里，以文章标榜东南，其诗文在当时负有盛名。著有《初学集》《有学集》《投笔集》等。 [2]汤寺：祥符寺的别称。 [3]榧（fěi）：常绿乔木，种子有很硬的壳，两端尖，称"榧子"，仁可食，亦可入药、榨油。木质坚硬，可作建筑材料。通称"香榧"。 [4]楩（pián）：古书上说的一种树。亦称"黄楩木"。 [5]莎（suō）：莎草，多年生草本植物，地下的块根称"香附子"，可入药。 [6]羽葆：车盖。 [7]笄（jī）：古代的一种簪子，用来插住挽起的头发，或插住帽子。 [8]甲坼（chè）：草木发芽时种子外皮裂开。 [9]金膏：道教传说中的仙药。 [10]水碧：一种水玉，道家以玉屑为长生之药。 [11]盎（àng）：盆类盛器。 [12]献春：孟春、新春，指农历正月。

【品析】 黄山松的特点可以用一个"奇"字来概括，而且山越高松越多，山越高松越奇。这篇游记中"无树非松，无松不奇"正概括出黄山松多、松奇的特点。黄山松争异竞奇、千姿百态，令人应接不暇：有的树根与树干之间比例超常；有的紧贴崖壁向下生长；有的崩出石缝横向生长；有的丰美如车盖；有的盘曲如蛟龙；有的树干横卧在地上突然又直立，然后又横卧地上；有的横生地上又断入石中，然后又崩出石缝横生地上。更神奇的是那些"倚倾还会，与人俯仰"的富有人情味的异松，这些松因地制宜、各具情态，顺应人的想象，让人百看不厌，越看越有味儿。黄山松有名的松树很多，文中具体描写了三株奇松，第一株是"接引松"，第二株是"扰龙松"，第三株是石笋矼上的那株松树，也就是今天被称为"梦笔生花"的奇松。游记写松之奇，由面及点、点面结合，使得黄山奇松给人留下更深的印象。

黄山松的"奇"，还在于"松无土，以石为土"。松树扎根于岩石中，枝干、树皮坚硬如石，吸收天地雨露的精华，抗击大自然的风暴霜雪，不知历经多少春秋，是草木中的精灵。想要把黄山松移入盆盎，供作案头的盆景，实在是不明智的做法。因为离开了滋养它的大自然，黄山松就失去了灵性，同普通草木没什么两样了。哪怕是被雷劈倒的黄山松，作者也认为这是造物主故意为之，百千年之后，这棵松树不知会如何槎桠突兀，形成怎样一种奇观。把黄山奇松形成的原因归之于大自然的造化之功，不仅表现出作者旷达的胸怀和诙谐的性格，也有科学的依据。黄山松是在黄山独特地貌和气候条件下而形成的一种特有树种，黄山松的千姿百态和黄山自然环境有着很大的关系。比如，扎根花岗岩缝隙中营养稀缺，决定它生长缓慢；山高风大使得树冠扁平；光照因素使得黄山松树枝总是往有阳光的方向生长，树枝偏向一方等。秉持科学的自然观，正是这篇游记较之众多描写黄山松文章的高明之处。

黄山松[1]

[清]《黄山志》

黄山松小者虽数十年百年，其长不过三四尺。餐云吸雾，天然盘屈，每一株成一形，无有重复者，尽足供盆盎中赏玩。而根蟠[2]绝壁，过者目恋而无由攫取[3]之。若观音大士石，有杨枝洒净松；仙人观榜石，有簪缨松；丞相观棋石，有棋杆松，其最著也。若松之大者则或以形体争奇，或以托地取胜。如扰龙松怒蟠于千仞峰巅；蒲团松可坐十数人；破石松根丈余，穿于石罅[4]；倒挂松虚悬峭壁；卧龙松横居道傍；接引松空中当桥；迎送松若揖若让。变化离奇，不一而足，均不可以寻常比矣。

【注释】 [1] 本篇选自清《黄山志》。 [2] 蟠：盘曲。 [3] 攫取：夺取，据为己有。 [4] 罅（xià）：缝隙。

【品析】 奇松是黄山自然景观的重要组成部分，被推为黄山"四绝"之首。这里介绍了黄山松的特点：树干短小，天然盘曲，每一株松树都自成一形，绝无重复。黄山松奇特的造型是由于受黄山独特的地理构造以及风力、气候诸因素的影响，经年累月变异而成。由于山高风疾，黄山松树干大都粗而矮，松针短而密，树冠平整如盖，有的树干几乎平贴在山体上。黄山松的生命力特别顽强，它可以扎根在无土的岩缝之中，即使在绝壁断崖之上，也能破石而出，而且形体奇特，或仰曲倒挂，或夭矫盘旋，或连理同体，不一而足。

黄山松（张振国摄）

　　明代著名地理学家、文学家徐霞客在《游黄山日记》中这样描绘黄山松：
"绝巘危崖，尽皆怪松悬结。高者不盈丈，低仅数寸，平顶短鬣，盘根虬干，愈短
愈老，愈小愈奇，不意奇山之中又有此奇品也。"这段文字用精练的语言概括出
黄山松之奇、之美。黄山悬崖绝壁间，随处可见松的身影。黄山松形态奇异，很
多只在一边长出树枝；树冠平展，松针短粗，色绿深沉；生长速度缓慢，一棵高
不盈丈的黄山松，树龄却有上百年，甚至数百年；根部往往比树干还要长几倍，
甚至几十倍，由于根系发达，黄山松能屹立岩石之上，虽历风霜雨雪却依然葆有
青春。清代施闰章《黄山怪松歌》这样写黄山松奇异诡绝之美："山中老松多诡绝，
风伯手揉云绾结。青枝如组踵屈铁，根似引绳长百折。高可寻丈短尺许，寄生以
石不以土。餐风饮雾无凡姿，倒身拂地翩跹舞。"严酷的自然条件使得这些松柏
离开了生物学的本态而畸形发展、扭曲变异，于清丑奇崛中见一片盎然生机，真
可谓"丑而雄""丑而妍"。

梅岭多松[1]

[清]屈大均

梅岭多松，大者十余抱，枝柯百寻[2]。袅袅若藤萝下垂而多倒折，叶黝黑，望若阴云。夹道有数百株，左回右转，多张曲江[3]手植。然苦为斤斧所侵，火入空心，膏流断节，半如《枯树赋》[4]所言。……嗟夫！人知梅岭之梅而不知松，梅以梅将军[5]，松以张丞相，重其人因以重其树，昔湛甘泉[6]以松为髯翁。有句云："髯翁作人拜。"而于梅岭松坐卧其下不能去，风流良可慕也。

【注释】[1] 本篇选自清代屈大均《广东新语》。《广东新语》是一部有价值的清代笔记，成书于屈大均晚年，记载的材料涉及广东名胜、物产、名人、民俗等诸多方面，对于研究明清之际的风俗史、经济史、文化史等，具有重要的参考价值。屈大均（1630—1696），字翁山、介子，号菜圃，广东番禺人。明末清初著名学者、诗人，与陈恭尹、梁佩兰并称"岭南三大家"，有"广东徐霞客"的美称。 [2] 寻：长度单位，一寻约等于八尺。 [3] 张曲江：唐代贤相张九龄，韶州曲江人，故称"张曲江"。 [4]《枯树赋》：北周诗人庾信所作的赋，其中有"火入空心，膏流断节"之句。 [5] 梅将军：梅铕，秦末将领长沙王吴芮部将，曾率人马居台岭（今南雄市梅岭）一带。《广东新语》说："梅岭之名，则以梅铕始也。" [6] 湛甘泉：湛若水，明代哲学家，字元明，号甘泉。

【品析】 梅岭，又称大庾岭，为五岭之首，因岭上多梅，故又称梅岭。《直隶南雄州志》记载："庾岭有梅，古昔已然。"因为梅岭之梅名气之大，掩盖了梅岭之松的名声，其实自唐代庾岭梅花闻名以来，庾岭青松也渐成规模，自唐至清，形成松梅相映的特有景观。

唐玄宗开元四年（716），张九龄奉命修凿岭路，夹道种植松梅。之后，历代政府对大庾岭路多次进行修整，并在道路两旁补植松梅。如宋代的蔡挺、蔡抗兄弟，据《宋史·蔡挺传》载："挺兄抗时为广东转运使，乃相与谋，课民植松夹道，以休行者。"据《南雄府志》记载，元代南雄路总管马都丁、杨益，明代

〔明〕林良《松梅寒雀图》（天津博物馆藏）

陈锡，都曾于梅岭增种松梅。生活于元末明初的林弼过庾岭时写下这样的诗句：
"满林梅熟黄垂雨，夹道松高翠拂云。"可见庾岭当时还是遍布松梅。郑述曾任
南雄知府，明正统十一年（1446）"砌路九十余里，补植松梅"。吴廷举曾任广
东右布政使，明正德九年（1514）"属府增植松梅万五千余株"（郭棐《梅岭曲
江祠记》）。吴廷举写下《大庾岭路松》诗四首，自称"十年两度手栽松"。吉庆
曾任两广总督，清嘉庆三年（1798），委托南雄知府袁澍"修整岭路，并于路旁
种植松梅，以资荫憩"（吉庆《捐修梅岭石路补种松梅记》）。清代的叶燮在《度
大庾岭》诗中说："高松阴夹路，风过助长吟。"也就是说，清代时庾岭夹道松
还有很大的规模。梅岭古道，由最初的野生松梅，经过历代官民的增植补种，形
成"庾岭寒梅""官道虬松"相映生辉的美景。

蜀道翠云廊[1]

［清］王士禛

　　自剑州[2]已南，尽梓潼县界，古柏千株，皆大数十围，形制诡异……
蜀道奇观也。

【注释】　[1] 本篇选自清代王士禛《陇蜀余闻》。题目为编者所加。王士禛
（1634—1711），字子真、贻上，号阮亭、渔洋山人，明末清初著名诗人、学者。
[2] 剑州：中国古代行政区划地名，其辖区基本以今四川省剑阁县为主体，盛时
包括今梓潼县、江油市东部等部分，以境内的剑阁（当时的剑阁道）而得名。

【品析】　蜀地多柏树，正如《蜀都杂抄》所说："蜀都大抵雨多风少，故竹
树皆修耸，少陵古柏二千尺，人讥其瘦长，诗固有放言，要之蜀产与他迥异。若
谓柏之森森者，惟蜀为然。"在南至阆中，西至梓潼，北至昭化的三百余里古驿
道两旁，古柏参天，绿荫夹道，夏日不知炎暑，因清代剑州知州乔钵题词"翠云
廊"而得名。翠云廊是蜀道一大奇观，清人乔钵在《翠云廊》诗序中说："明正
德时，知州李璧以石砌路，两旁植柏数十万，今皆合抱，如苍龙蜿蜒，夏不见日。"
《翠云廊》诗道："剑门路，崎岖凹凸石头路。两旁古柏植何人？三百里程十万树。

翠云廊，苍烟护，苔花荫雨湿衣裳，回柯垂叶凉风度。无石不可眠，处处堪留句，龙蛇蜿蜒山缠互。传是昔年李白夫，奇人怪事教人妒。休称蜀道难，错莫剑门路。"这首诗描写了三百里古蜀道两旁，形态各异的古柏蜿蜒伸展，远望如一条翠绿的长廊，因此得名"翠云廊"。

蜀道古柏历尽沧桑，风姿各异，正如清初诗人张邦伸在《剑州路柏》中所写："剑州路旁多古柏，霜皮黛色高参天。白日沉沉不到地，秋风飒飒生寒烟。或如龙爪拿云出，或如山鬼摩空拳，或如青牛森五柞，铁干不受枯藤缠。或如黄葛耸翠盖，虬枝四苗盘云巅。"如今蜀道上仍保存着近万株古柏，其中有不少珍异品种。蜀道古柏气势磅礴，如绿色长城，似莽莽苍龙，得到众多文人的咏叹。如清代诗人俞陛云作《翠云廊歌》称："今我来剑阁，深入翠云里。长廊接天末，绵亘三百里。"清代诗人张问彤《剑州柏树》说："衔空三百里，一色郁青苍。"

翠云廊蕴藏着丰富的自然资源和旅游资源。中外专家都给予翠云廊高度的评价，文物专家称其为"国之珍宝""蜀道灵魂"，科学家视古柏为"森林化石"，外国专家赞其古柏为"古代陆上交通的活化石""举世无双的奇观"，说翠云廊"比欧洲罗马大道优美"。

三、松柏的栽培技艺

古人在实践中逐渐摸索出人工种植松柏的经验，宋代苏轼的《种松》、明代俞宗本的《种树书》、明代徐光启《农政全书》等总结了人工种植松柏的诀窍。从选种、制畦、撒种、浇水、护苗到移栽，对每个环节实施的具体时间、注意事项都有详细的描述。

松柏是盆景的常用树种。清代五溪苏灵著有《盆玩偶录》，列出盆景"四大家"，"绒针柏"占其中之一；盆景"七贤"，"黄山松""缨络柏"占其中之二；盆景"十八学士"，"翠柏""罗汉松"占其中之二。现代盆景常用树种中松柏类主要有：五针松、黑松、锦松、金钱松、罗汉松、水松、翠柏、黄山松、黑松、桧柏、地柏、圆柏、真柏等。

岩松盆景[1]

[宋] 王十朋

友人有以岩松至梅溪者，异质[2]丛生，根衔[3]拳石[4]。茂焉匪[5]枯，森焉匪乔[6]，柏叶松身，气象耸焉。藏参天覆地[7]之意于盈握[8]间，亦草木之英奇[9]者。予颇爱之，植以瓦盆，置之小室，稽古[10]之暇，寓陶先生[11]、郑处士[12]之趣焉。

【注释】　[1]本篇选自宋代王十朋《梅溪集·岩松记》。题目为编者所加。王十朋（1112—1171），字龟龄，号梅溪，南宋著名的政治家和文学家。　[2]异质：特异的资质、禀赋。　[3]衔：嵌，镶嵌。　[4]拳石：小石块。　[5]匪：同"非"。[6]乔：高。　[7]参天覆地：高耸于天，荫蔽大地。　[8]盈握：满握。握，指一手所能握持的数量。　[9]英奇：优美杰出。　[10]稽古：考察古事。　[11]陶先生：指陶渊明，晋代文学家。他不愿"为五斗米折腰"，辞官归隐家园，成为古代隐士的代表。　[12]郑处士：指郑熏，唐代人，归乡隐居时植松于庭，号"七松处士"。

【品析】　宋代王十朋的《岩松记》，是我国最早的有关松石盆景的文字记载。王十朋以松树和岩石为素材，将岩松"植以瓦盆，置之小室"，开创了中国松石盆景的先声。被制成盆景的岩松，既有"藏参天覆地之意"的艺术境界，又有"草木之英奇者"的个性风格，置于小室之中，颇具万千气象。《岩松记》中生动地描写了"松石盆景"的艺术价值：造型小巧的盆松郁茂阴森、姿态不凡，于玲珑尺寸间展现参天覆地的气象；于青青之色中蕴含凌傲霜雪的岁寒之心。"藏参天覆地之意于盈握间"一语，撷取了盆景美学的精华，寓宏观于微观，由微观中见宏观。总之，王十朋认为盆松可"小中见大"，有助于人修养身心，从而驳斥了社会上一些人视盆景艺术为"玩物"的浅薄观念。

马塍花窠[1]

[宋]吴自牧

又有钱塘门外溜水桥东西马塍诸圃,皆植怪松异桧[2],四时奇花,精巧窠[3]儿,多为龙蟠凤舞、飞禽走兽之状,每日市[4]于都城,好事者多买之,以备观赏也。

【注释】 [1]本段文字出自南宋吴自牧《梦粱录·园圃》。题目为编者所加。据《万历杭州府志·古迹》记载:"东西马塍在钱塘门外溜水桥北,以河分界,并河而东,抵北关外,为东马塍。河之西,上泥桥、下泥桥至西隐桥,为西马塍。"马塍的土壤,适宜种植花卉,此地居民大多世代从事花卉业,以"马塍花窠"而闻名。塍(chéng),田埂,畦田。花窠(kē),花的聚集地,花市。 [2]桧(guì):木名。柏科,常绿乔木,即圆柏。幼树的叶子像针,大树的叶子像鳞片,果实球形,春天开花。木材桃红色,有香味,细致结实。 [3]窠:同"棵",多用于植物。[4]市:卖。

【品析】《梦粱录》是一部介绍南宋都城临安(今名杭州)城市风貌的著作。宋室南迁后,临安城市规模扩展,西湖周边成为官宦富商的聚集地,市民对花草的需求增大。"马塍"是南宋临安城的主要花卉种植基地之一。宋代周密《齐东野语·马塍艺花》称赞:"马塍艺花如艺粟,橐驼之技名天下。"著名诗人叶适《赵振文在城北厢两月无日不游马塍作歌美之请知振文者同赋》诗述马塍花市规模之大:"马塍东西花百里,锦云绣雾参差起。"宋代诗人董嗣杲在《东西马塍》诗中歌咏了这些专业养花户的种花技艺:"土塍聚落界西东,业在浇畦夺化工。接死作生滋夜雨,变红为白借春风。"

所选文字具体介绍了"马塍花窠"盆景制作的高超技艺,以及盆景商品销势见俏的行情。松、柏、桧以及四时奇花,被设计成"龙蟠凤舞、飞禽走兽之状",到都城中售卖,从中可见宋代花木盆景的形象多样化。这种用棕丝蟠扎的盆景花艺,取棕丝缚干枝,以柔克刚,起到理想的造型效果,一直被沿用至今。

天目松盆景[1]

[明]文震亨

　　盆玩[2]，时尚以列几案[3]间者为第一，列庭榭[4]中者次之，余持论则反是。最古者以天目松为第一，高不过二尺，短不过尺许，其本[5]如臂，其针若簇[6]，结为马远[7]之"欹斜[8]诘屈[9]"，郭熙[10]之"露顶张拳"[11]，刘松年[12]之"偃亚层叠"[13]，盛子昭[14]之"拖拽轩翥"[15]状，栽以佳器，槎牙可观。

　　【注释】　[1]本段文字出自明代文震亨《长物志·盆玩篇》。文震亨（1585—1645），字启美，明湖广衡山人，系籍长洲（今江苏苏州），明代作家、画家、园林设计师。　[2]盆玩：盆景，盆栽。　[3]几案：案桌。　[4]榭：建筑在台上的房屋。　[5]本：树干。　[6]簇：丛聚成的团或堆。　[7]马远：南宋钱塘人（今杭州），字遥夫，号钦山。画家，山水、人物、花鸟俱佳。　[8]欹斜：

苏州拙政园松树盆景（春晓摄）

倾斜不平。　　[9]诘屈:弯曲不直。　　[10]郭熙:字淳夫，河南温县人。北宋画家、绘画理论家,工画山水。　　[11]露顶张拳:粗豪之态。　　[12]刘松年:宋代钱塘人,宫廷画家,工画人物、山水。　　[13]偃亚层叠:覆压下垂、层见叠出的样子。[14]盛子昭:原名盛懋，字子昭,元代画家,善画山水、人物、花鸟。　　[15]拖拽轩翥(zhù):既有拖拽不起之状，又有轩昂高举之态。

【品析】《长物志》共十二卷，内容涉及建筑、园艺、艺术、历史、植物、矿物等方面。其中室庐、花木、水石、禽鱼、蔬果五志与园林有直接的关系,位置、舟车、几榻、器具、书画等志与园林有间接的关系。《长物志》还详细记载了各种花木的栽培方法，以及对盆的质地、摆法的要求。从中可见，盆景是一种集种植技艺、陈设装饰、造型审美为一体的艺术，在明代文人生活中占有重要的地位。

文震亨在《盆玩篇》表达了自己有关盆景的独特观点。当时盆景欣赏风气，以置于几案上的为第一，陈列在庭院楼台稍逊，而他则不这样认为。他以为最古朴的天目松当为第一，它高不超过二尺，矮不低于尺许，树干像手臂，针叶如簇，状如画家马远笔下松树的倾斜屈曲之态，郭熙笔下松树的粗放豪迈之态，刘松年笔下松树的丑怪层叠之态，盛子昭笔下松树的低拽高飞之态。天目松盆景用精美的花盆栽植，修剪的参差错落，十分美观。文震亨指出制作盆景者常于盆景中寄托古人画意。文中将天目松的形态同宋代画家马远、郭熙、刘松年等人的画法特征相联系，表现出盆景中蕴含的浓重画意。

种　松[1]

[明]俞宗本

栽松时去松中大根，唯留四旁须根，则无不偃盖[2]。一年之计[3]，种之以竹；十年之计，种之以木。

…………

松必用春后社前[4]带土栽培，百株百活。舍此时决无生理也。

春分后勿种松，秋分后方宜种，不独松为然[5]。

乾隆壬辰檇李月窝作
梦鱼楼夏壶李鱓

[清]李鱓《松石牡丹图轴》（南京博物院藏）

【注释】 [1]本段文字出自明代俞宗本《种树书》，俞宗本在《种树书》中托名郭橐驼。题目为编者所加。《种树书》介绍了古代粮食、蔬菜、药材、树木、花卉等的栽培技术，内容通俗实用。郭橐驼是唐代诗人、散文大家柳宗元塑造出来的一个人物，源自他的《种树郭橐驼传》。柳宗元在文中描述了一个专门种树的驼背人，有非常卓越的种树技能。 [2]偃盖：形容松树枝叶横垂，张大如伞盖之状。 [3]计：计虑；考虑。 [4]春后社前：春分前后。 [5]然：这样。

【品析】 这段文字介绍了种松的诀窍。栽松时去除主根或直根，只留四边的侧根或支根，松就会生长得枝叶横垂，形态有如伞盖。松有直耸云霄的本性，采用这种方法，可以改变松原有的姿态，使它更有观赏价值。松在春分前后带土栽培，百株百活，否则的话很难成活。"春分后勿种松，秋分后方宜种"，怀疑这句话中"春""秋"二字互误，应为"秋分后勿种松，春分后方宜种"，这样才与上文一致。

仁里"花果会"[1]

[清]沈复

又去城三十里，名曰仁里[2]，有花果会，十二年一举[3]，每举各出盆花为赛。余在绩溪，适逢[4]其会，欣然[5]欲往，苦无轿马，乃教以断竹为杠，缚椅为轿，雇人肩[6]之而去，同游者惟同事许策廷，见者无不讶笑。至其地，有庙，不知供何神。……入庙，殿廊轩[7]院所设花果盆玩，并不剪枝拗[8]节，尽以苍老古怪为佳，大半皆黄山松。

【注释】 [1]本篇选自清代沈复《浮生六记》卷四《浪游记快》。题目为编者所加。 [2]仁里：绩溪仁里是个典型的徽州古村落，依山傍水，文化积淀深厚。 [3]举：发起，兴办。 [4]适逢：恰巧遇上。 [5]欣然：非常愉快的样子。[6]肩：担负。 [7]轩：有窗的长廊或小屋。 [8]拗（ǎo）：弯曲使断，折。

【品析】《浮生六记》是一部自传体随笔，描述了平凡而又充满情趣的居家生活和浪游各地的所见所闻。沈复（1763—约1838），字三白，号梅逸，长洲

徽州鲍家花园松树盆景（王颖摄）

（今江苏苏州）人，清代文学家。"浮生"典出《庄子·外篇·刻意第十五》："其生若浮，其死若休。"

绩溪仁里的"花果会"，每十二年举行一次。村社"各出盆花为赛"，"花果会"上各种盆花、古树争奇斗艳。对于盆景，绩溪仁里有一套独特的审美标准，就是"以苍老古怪为佳"，其中黄山松最为常见。盆景是模拟生长在石崖上的黄山松的自然条件，把松树种在小盆、浅盆中，控制树木所能得到的肥、水，使它年久不大，又苍老古劲。

社会应用篇

松柏是重要的经济树种，既可用于建筑、薪材、饮食、保健、照明等日常生活，也可用于制作笔、墨、琴等文化用具。松柏在生活中应用广泛，为人们带来诸多情趣。

松柏是历史悠久的树种，因为具有分布广泛、生长繁茂的特点而较早地进入古人的视野，成为人类生产生活的重要对象。松柏自古以来就被作为建筑的良材，这是后来松柏被比作栋梁之材的基础。松柏是重要的森林树种和经济树种。它是古人生活资料的来源，既可用于饮食、薪材、保健、照明等日常生活，也可用于制作笔、墨、琴等文化用具。山松多油脂，劈成细条，燃以照明，叫"松明"；松类树干分泌出的树脂，叫"松脂"或"松肪"，可提取松香、松节油；用深山中被风雪拍打过的松木制成的古琴，被称为"松雪"，其声"妙过于桐"；新砍下来的松柏枝叶可搭建凉棚；从松柏上收集的积雪可用来烹茶；松子可食用、榨油；松粉、柏子可用来制香；松花、松皮、松脂、柏脂、松叶、柏叶、柏实均可入药；松花、松脂、松叶、柏叶亦可用于酿酒；松荫下生长的菌类，叫"松蕈"，有异香，以及前文提及的茯苓，都可供食用及药用；松木燃烧所凝之黑灰，是制松烟墨的材料。

一、松柏的建筑应用

我国松柏的开发利用具有极其悠久的历史。自先秦起，松柏木就被用于宫殿、宗庙建筑，以及造船业等。正因如此，其进入文学领域的时间也比较早。在我国最早的诗歌总集《诗经》中，松柏出现 11 次，其中有 4 次涉及松柏木材的利用，分别为"桧楫松舟""松桷有梴，旅楹有闲，寝成孔安""松桷有舄，路寝孔硕，新庙奕奕""柏舟"，都是关于建造宫室、宗庙、舟楫方面。松柏因此被后人称为"栋梁材"，借以喻人器识才具，用以比拟才识过人、能力出众的贤臣能人。

殷　武[1]（节选）

《诗经》

陟[2]彼景山[3]，松柏丸丸[4]。是断是迁，方[5]斫[6]是虔[7]。松桷[8]有梴[9]，旅[10]楹[11]有闲[12]，寝[13]成孔[14]安。

【注释】 [1]《殷武》是《诗经·商颂》的最后一篇，也是《诗经》的最后一篇。《毛诗序》所作题解为"祀高宗也"，认为这是商人祭祀歌颂殷高宗武丁之诗。原诗共六章，这里选取的是第六章。 [2] 陟（zhì）：登高。 [3] 景山：位于今河南偃师市。 [4] 丸丸：形容松柏条直挺拔。 [5] 方：犹"是"。 [6] 斫：砍。[7] 虔：截断，砍伐。 [8] 桷（jué）：方形的椽子。 [9] 梴（chān）：木长貌。[10] 旅：陈列。 [11] 楹（yíng）：堂屋前部的柱子。 [12] 闲：大貌。[13] 寝：皇家宗庙后殿藏先人衣冠之处。 [14] 孔：很。

【品析】《殷武》的主旨在于，通过殷高宗武丁寝庙落成举行的祭典，颂扬殷高宗武丁继承成汤事业所建树的中兴业绩。最后一章描写的是古人用松柏木修建寝庙的情景。首句以"陟彼景山，松柏丸丸"起兴，说的是登山选取木料。古人很早就认识到高山上苍翠挺拔的松柏是上好的建筑材料。"是断是迁，方斫是虔"，以"断""迁""斫""虔"这一系列的动作描写人们伐木、运木的劳动景象。经过择木、伐木、运木以及建造等程序后，一座高大威严的寝庙终于竣工了，武丁之灵得以安息。"陟彼景山，松柏丸丸"的描写，生动地体现了古人对松柏外形高大挺立的仰慕。

《诗经》中还有一篇《鲁颂·闷宫》，其中有一章描写用松木建造宫殿的情景："徂徕之松，新甫之柏，是断是度，是寻是尺。松桷有舄，路寝孔硕，新庙奕奕。"这里的"徂徕"即徂徕山，位于今山东省泰安市东南，"新甫"即新甫山，亦称宫山，位于今山东省新泰市西北。这两句说的是对松柏木材进行加工，用来建造宫室，宫殿建成后高大宽敞、雄伟气派。可见，自先秦起，松柏木就被作为建筑的良材，这是松柏被引申为"栋梁材"的基础。如《逸周书·酆保解》"微降霜雪，以取松柏"，运用的是比喻手法，意谓适当时机争取殷商贤人为周所用，"松柏"指贤臣能人。《南史·王俭传》言王俭："宰相之门也，栝柏豫章，虽小，已有栋梁之器。"以栝、柏、豫章之类挺直秀拔之木为喻，赞扬王俭年纪虽小，然精神秀彻、体识聪异，为人才之选，终将担当国之大任。

艳歌行·其二^[1]

汉乐府

南山石嵬嵬^[2]，松柏何离离^[3]。上枝拂青云，中心十数围。洛阳发中梁^[4]，松树窃自悲。斧锯截是松，松树东西摧^[5]。持作四轮车，载至洛阳宫。观者莫不叹，问是何山材。谁能刻镂此？公输与鲁班。被之用丹漆，熏用苏合香。本自南山松，今为宫殿梁。

【注释】[1] 本篇选自宋代郭茂倩编《乐府诗集》。　[2] 嵬嵬（wéi）：高大的样子。　[3] 离离：草木繁盛的样子。　[4] 中梁：屋的正梁。　[5] 摧：折断。

【品析】《乐府诗集》是宋代郭茂倩编的一部中国古代乐府诗歌总集，主要辑录汉魏到唐、五代的乐府歌辞兼及先秦至唐末的歌谣。《乐府诗集》是现存收集乐府歌辞最完备的一部总集，反映的生活面很广，对文学史和音乐史的研究均有重要参考价值。这首《艳歌行》出自"汉乐府相和歌辞"。

诗歌开头描写松树在自然界中茁壮生长，其高大、繁茂的形象引人注目。"洛阳发中梁"等句，写终南山的松树被斧锯截断，运到洛阳去刻镂、涂漆、熏香，成为宫殿的栋梁。松树从野外自由生长到被雕漆熏香，这种遭遇对松树来说是很可悲的。接着诗歌从"观者"的角度着笔，表面上写这样的栋梁之材，只有公输和鲁班那样的大师名匠才配来雕刻它；其实是以公输、鲁班暗喻贤君，抒发了自己身怀济世之才，却不能为贤主明君所用的愤懑。这首诗以寓言的形式，借终南山松柏的遭遇，表达了重自然轻荣禄的思想，否定了以失去自由为代价换取荣名的做法。

君子树

[宋] 范仲淹

二松何年植，清风未尝息。夭矫向庭户，双龙思霹雳。岂无桃李姿，贱彼非正色。岂无兰菊芳，贵此有清德。万木怨摇落，独如春山碧。乃知天地威，亦向岁寒惜。有声若江湖，有心若金璧。雅为君子材，对之每前席。或当应自然，化为补天石^[1]。

【注释】 [1] 补天石:《淮南子·览冥训》中记载了女娲炼石补天的神话传说。相传天缺西北，女娲炼五色石补之。后遂用作典故，比喻贤能之人施展才能和手段，弥补国家以及政治上的失误。

【品析】 范仲淹（989—1052），字希文。祖籍邠州，后移居苏州吴县。北宋杰出的思想家、政治家、文学家，谥号"文正"，世称范文正公。

在这首诗中，范仲淹托物寓意，借松树写自身的品格和抱负。诗中通过与桃李、松菊和万木的比较，突出了松树挺拔矫健的身姿、清高脱俗的品德、坚贞不屈的内心。松树是当之无愧的"君子树"，建造房屋的"栋梁材"。从松树的身上，我们看到了傲然挺立、刚强正直、德才兼备的君子形象，他们胸怀天下，有强烈的社会责任感，具备仁德之心、贤能之才，不会因为人生顺逆而改变节操，不会因个人得失而失去坚守，是担负国家重责大任的人才。松柏从先秦以来就有的"栋梁材"的含义在这首诗中得到完美的阐释。

松 架

[宋] 李纲

羁旅[1]随缘[2]即道场[3]，采松结架障[4]斜阳。摧残[5]自带青青色，森爽犹传细细香。佛氏鲜将华作界，骚人[6]爱把药为房。我游法藏[7]酬初志，宜得苍官[8]助荫凉。

【注释】[1]羁旅:寄居他乡。　[2]随缘:随着外界的条件而行事。　[3]道场:宣扬佛法、修炼道行的场所。　[4]障:阻隔，遮挡。　[5]摧残:摧折。　[6]骚人:屈原作有《离骚》，因称屈原为骚人。后泛指诗人、文人。　[7]法藏（zàng）:佛陀的教法。　[8]苍官:指松树。

【品析】 李纲（1083—1140），字伯纪，号梁溪先生，两宋之际的抗金名臣。他在军事、政治方面功绩突出，在佛学方面亦有成就。其实，李纲学佛多年，造诣颇深。受信仰佛学的父亲影响，李纲在很早就开始接触佛教，并逐渐对佛学产生兴趣，倡导以儒、释、道三教合一的治世思想，是当时颇有影响的一位佛学人物。

　　这首诗前有小序："予葺兴国西轩为阅藏教之所，构松架以御西照，感而赋诗。"用来收藏、阅读佛教典籍的房屋因为西晒酷热难当，主人用新砍下的松枝搭建凉棚，遮住西晒的日光。从这首诗歌中"我游法藏酬初志"之句可以看出，他学习佛学典籍并不是为了附庸风雅，也不是借学佛逃避现实，而是实现最初的志向。李纲在日常生活中利用各种机会学习佛学，并传播、运用佛教思想。在诗中，他就"松架"来参悟佛法，认为依外界条件的变化而行事，那么生活中随处可见佛法。采松做架既可以遮阳避暑，又有翠色可赏，有清香可闻，在松架之下参禅悟道，别有一番情趣和体验。"骚人爱把药为房"一句，典出《九歌·湘夫人》："筑室兮水中，葺之兮荷盖。荪壁兮紫坛，播芳椒兮成堂。桂栋兮兰橑，辛夷楣兮药房。"神灵筑室，以荷叶作盖，以芳椒成堂，以桂木作栋，以木兰为橑，以辛夷作楣，以香药为房。自己也幸得松架的荫蔽，才能舒适地畅游佛典，一酬少年时就立志学佛的志向。

　　宋人善于从普通的日常生活中发掘诗料，松架、松棚也成为他们吟咏的对象，杨万里、陈与义、洪刍、张九成、王之道、沈与求等都写过咏松棚的诗歌。如陈与义《松棚》："黯黯当窗云不驱，不教风日到琴书。只今老子风流地，何似茅山陶隐居。"张九成《松棚》："炎炎暑气若为当，旋买松枝庇草堂。一望翠阴何爽快，暂来吾室变清凉。直疑仙去冰壶里，岂是生居汾水阳。向晚熏风香入座，为君一再奏文王。"松下追凉，琴书自遣，有翠阴悦目，松风清耳，幽香袭人，不啻神仙境界。在文人笔下，松棚于遮阴纳凉的实际功用之外，还能激起审美的愉悦，引发思想的升华，从而进入高雅的诗意境界。

二、松柏的饮食应用

　　古人讲究养生，认为松柏是长青植物，其花、叶、脂、果都含有滋补养生的功能，可用来酿酒和做成食物，对人身体有益。松叶、松花、松脂、松节、柏叶都可用于酿酒；松花、松子可用来制作糕点；松蕈、松子等可用以烹饪菜肴；

松树上收集的初雪含有松针的幽香，用来煮茶最妙。文人常以一种审美的眼光、饱含感情的笔调来描写松柏用于日常饮食的情况，普通的食物被表现得充满诗情画意。

煮茶诗[1]（节选）

[唐] 陆龟蒙

闲来松间坐，看煮松上雪。时于浪花[2]里，并下蓝英[3]末。

【注释】 [1]本篇选自唐代陆龟蒙《奉和袭美茶具十咏》。陆龟蒙，唐代农学家、文学家，字鲁望，别号江湖散人、甫里先生。陆龟蒙与皮日休交友，世称"皮陆"。 [2]浪花：指水沸腾后翻滚似浪花。 [3]蓝英：这里指茶叶。

【品析】 煮茶，水至关重要，正如唐代陆羽《茶经》所说："名茶还需好水泡。"泡茶之水以"轻""净""凉"为佳。一般来说，雪为上，雨次之，泉水再次，江水更次，井水最次。唐代白居易《晚起》中写到"融雪煎香茗，调酥煮乳糜"，宋代曹汝弼《喜友人过隐居》说"旋收松上雪，来煮雨前茶"，宋代辛弃疾《六幺令》词中有"细写茶经煮香雪"之句。采雪煮茶，依雪所附之物而各具妙境。松上取雪，在大雪初停的时候最好，这时的雪最纯净，又蕴含着松叶的幽香。陆龟蒙的《煮茶诗》便描写了一位文士冬雪中悠闲地坐在松间，煮着松枝上收集来的白雪，欣赏

松上雪（王颖摄）

雪融为水又沸腾成浪花的样子，再放入兰花状的茶叶，生活真是唯美极了。将松和茶联系在一起，也取松在民族文化长期积淀中形成的高洁人格象征的内涵。

浣溪沙（并序）

[宋]苏轼

绍圣元年十月二十三日，与程乡令侯晋叔、归善簿谭汲同游大云寺。野饮松下，设松黄汤，作此阕。余近酿酒，名"万家春"，盖岭南万户酒也。

罗袜空飞洛浦尘[1]，锦袍不见谪仙人[2]。携壶[3]藉[4]草亦天真[5]。　玉粉轻黄[6]千岁药，雪花浮动万家春[7]。醉归江路野梅新[8]。

【注释】[1]此句出自曹植《洛神赋》"凌波微步，罗袜生尘"，"洛浦"指洛水。　[2]谪仙人：原指神仙被贬入凡间后的一种状态，引申为才情高超、清越脱俗的道家人物。这里指的是唐代诗人李白，《新唐书·李白传》中写道："白浮游四方，尝乘月……着宫锦袍坐舟中，旁若无人。"　[3]携壶：携带酒壶。[4]藉：衬垫。　[5]天真：指不受礼俗拘束的品性。　[6]轻黄：鹅黄，淡黄。[7]万家春：岭南人常饮的一种米酒。　[8]野梅新：山野里的梅花开得很早。

【品析】　苏轼（1037—1101），字子瞻，号东坡居士，眉州眉山（四川眉山市）人，祖籍河北栾城，北宋著名文学家、书法家、画家。这首词是苏轼被贬到惠州后与友人一次游玩野餐后写成。词前小序介绍了游览的过程、同伴以及时间、地点，词重点描写了饮"万家春"酒、喝松黄汤的细节，展现出岭南地区特有的饮食文化。当时作者与游伴带着酒壶，随意坐在松树下面的草地上，气氛自由轻松。"玉粉轻黄千岁药，雪花浮动万家春"两句以极为美丽的色彩和形象来描写野餐时所斟用的饮料，"松黄汤"是一种益寿延年的饮料，"万家春"是岭南人常饮的一种米酒，醇者常有泡沫浮动其上，故以"雪花浮动"形容之。此二句不仅从语言和意象上给人以美的享受，也表露出作者对异乡的热爱和身处逆境而无所芥蒂的豁达态度。

松黄汤还有治病的功效。清代顾元交《本草汇笺》说："松黄即花上黄粉，有除风止血之能。"宋代本草专著《证类本草》"松脂"中引《图经》记载："其花上黄粉名松黄，山人及时拂取，做汤点之甚佳，但不堪停久，故鲜用寄远。"宋人不仅用松黄点汤，还用松花做汤。如宋代张方平《近自钟山采松花和汤甚美……送汤一罂呈仲文学士》："青松北山麓，春蕊摘金团。芳泽逾肪节，滋华本岁寒。功传上品药，饵胜曲晨丹。一泛彤霞液，天和入肺肝。""日精月华所滋结，金匮琼笈称灵珍。味胜仙人掌中露，色如游女衣上尘。""春蕊摘金团"，以精练的诗笔写出松花春天开放、颜色金黄、形似粉团的特点，此是实写。制成的松花汤色味俱佳，诗人打了两个比方言之："味胜仙人掌中露，色如游女衣上尘。"此是虚写，因为"仙人掌中露"的味道如何谁也没尝过，"游女衣上尘"的颜色也是肉眼看不到的，只不过是得其神韵而已。

桧花蜜[1]

[宋]陆游

亳州太清宫桧至多，桧花开时，蜜蜂飞集其间，不可胜数[2]，作蜜极香而味带微苦，谓之桧花蜜，真奇物也。欧阳公[3]守亳时，有诗曰："蜂采桧花村落香。"则亦不独太清而已。

【注释】[1] 本文选自南宋陆游所撰《老学庵笔记》。陆游（1125—1210），字务观，号放翁，越州山阴（今浙江绍兴）人，南宋文学家、史学家。 [2] 不可胜（shēng）数：非常多，多到数不完。 [3] 欧阳公：欧阳修。

【品析】 陆游的《老学庵笔记》以其镜湖岸边的"老学庵"书斋而得名，他以文学家的笔调描写了一些风土民俗、故事遗闻、奇人异事，还涉及典章、舆地、方物等的考辨。

亳州太清宫桧树由来已久。据《太清记》记载："亳州太清宫有八桧，老子手植，根株枝干皆左纽。"《石曼卿集》说："此桧不知年代，李唐之盛，一枝再生，至圣朝复有此异。"亳州太清宫桧树相传因老子手植而得名，又因桧花可以酿蜜而闻名。据陆游的《老学庵笔记》记载，亳州太清宫桧树很多，每当桧花盛开时节，数不清的蜜蜂飞来飞去，酿成的蜜极香，叫作桧花蜜。曾任亳州太守的欧阳修在《戏书示黎教授》诗中写道："古郡谁云亳陋邦，我来仍值岁丰穰。鸟衔枣实园林熟，蜂采桧花村落香。"从欧阳修诗里，我们似乎能闻到浓郁的桧花香气，置身当年群蜂飞舞采蜜忙的情境中。北宋苏颂《图经本草》中就曾对太清宫桧花蜜做过评价，说"亳州太清宫有桧花蜜，色小赤"，可与宣州"黄连蜜"媲美。南宋罗愿在《尔雅翼》中记录当时有名的几种蜂蜜，有"色黄而味小苦"的黄连蜜，"色如凝脂"的梨花蜜，"色小赤"的桧花蜜和"色更赤"的何首乌蜜等。可见在宋代太清宫桧花蜜就十分有名了。

松黄饼 [1]

[宋] 林洪

暇日过大理寺，访秋岩陈评事介。留饮，出二童，歌渊明《归去来辞》，以松黄饼供酒。陈方巾美髯，有超俗之标。饮边味此，使人洒然起山林之兴，觉驼峰、熊掌皆下风矣。春末取松花黄 [2] 和炼熟蜜匀作，如古龙涎 [3] 饼状，不惟香味清甘，亦能壮颜益志，延永纪算。

【注释】[1]本篇选自宋代林洪《山家清供》。林洪，南宋人，字龙发，号可山，善诗文书画，对园林、饮食也颇有研究。松黄饼，也称松花饼，以松花粉和蜜做的饼。　[2]松花黄：松树花粉。明王象晋《群芳谱》："二三月间抽穗生长，花三四寸，开时用布铺地，击取其蕊，名松黄。"　[3]龙涎：极名贵的香料，为黄灰乃至黑色的蜡状物质，香气持久。

【品析】《山家清供》专述宋人山家饮馔，是一部以素食为主的食谱，引用诸多掌故、诗文，穿插文人韵事，从中也可以看出宋代士人的生活情趣。

松花粉味甘、性温，主润心肺、益气、除风止血，可以用来做糕点，也可以酿酒。松黄饼的制作方法很简单，在松花出粉时收花粉，加入米粉、水和炼熟蜜调匀，放在印模中做成任意形状，蒸熟后松花的清香与蜜的甜味融合，清甘可口。松黄饼可以佐酒，边喝酒边品尝这样的乡野风味，使人油然而生隐居山林的念头，感觉驼峰、熊掌这样的食物都落其下风。明代杨循吉《居山杂志·饮食》中也提到过"松花饼"，并且生动细致地描述了收取松花的过程："松至三月花，以杖叩其枝，则纷纷坠落，张衣袯盛之，囊负而归，调以蜜作饼遗人，曰松花饼，市无鬻者。"明代高濂在《遵生八笺·饮馔服食笺》中所说的"松花蕊"，做法和松黄饼类似："采，去赤皮，取嫩白者，蜜渍之，略烧令蜜熟，勿太熟，极香脆美。"

松黄饼不仅味美，还有养颜、保健的功效。苏轼在《花粉歌》中这样写松花的养生、美颜作用："一斤松花不可少，八两蒲黄切莫炒。槐花杏花各五钱，两斤白蜜一起捣。吃也好，浴也好，红白容颜直到老。"

松花酒[1]

[明] 高濂

三月取松花如鼠尾者，细剉[2]一升，用绢袋盛之，造白酒熟时，投袋于酒中心，井内浸三日，取出，漉[3]酒饮之。其味清香甘美。

【注释】[1]本篇选自明代高濂《遵生八笺·饮馔服食笺》。题目为编者所加。高濂，明代著名戏曲作家、养生学家、藏书家，字深甫，号瑞南道人，钱塘（今浙江杭州）人，以戏曲名于世。 [2]剉（cuò）：切。 [3]漉：液体慢慢地渗下，滤过。

【品析】《遵生八笺》是一部内容广博又实用的养生专著，从八个方面（即八笺）讲述了通过修身养生来预防疾病、达到长寿的方法。全书十九卷，分为《清修妙论笺》《四时调摄笺》《却病延年笺》《起居安乐笺》《饮馔服食笺》《灵秘丹药笺》《燕闲清赏笺》《尘外遐举笺》八笺。

所选文字介绍了松花酒的做法。选择松花状如鼠尾者，细切一升，放入绢袋中装好。酿造白酒熟了的时候，把绢袋放在白酒中心，井内浸泡三天后，取出滤酒饮用，味道清香甘美。明代冯时化《酒史》曾载苏轼在定州任知州的时候，把松花入饭一起蒸，密封几日后得松花酒，还作了一首《松醪赋》。

古人很早就开始用松花酿酒。唐代刘长卿在《奉使新安自桐庐县经严陵钓台宿七里滩下寄使院诸公》一诗中说："何时故山里，却醉松花酿。"清代医药学著作《本草经解》说，松花"清香芳烈，宜于酿酒"。

古代不仅有松花酒，还有松叶酒、松节酒、松液酒。松叶酒是用松针酿酒，明代李时珍在《本草纲目》中说："松叶酒，治十二风痹不能行……松叶六十斤，细剉，以水四石，煮取四斗九升；以米五斗，酿如常法，别煮松叶汁，以渍米并馈饭，泥酿封头，七日发，澄饮之取醉。得此酒力者甚众。"松叶酒酿法是用松叶六十斤，水四石，五斗米，然后煮松叶汁渍米成饭，再用黄泥封在缸中七日，发酵后过滤即可饮用，有祛风湿的效果。松节酒可以治疗四肢疼痛，晋代葛洪《肘后备急方》卷三载："松节酒，主历节风，四肢疼痛如解落。"明代宋诩撰《竹屿山房杂部》一书中记载了松节酒的配制方法："取大松油节，锉屑，临酿生酒时，同药匀入。每糯米一斗，计松节八斤。宜酿于冬。"

以松料制酒，在修道者中更为流行，松醪被视为可以延年益寿的良药。文学作品中对此多有描写，如北周庾信《赠周处士》云："方欣松叶酒，自和游仙吟。"唐代岑参《题井陉双溪李道士所居》云："五粒松花酒，双溪道士家。"由于文人和道教人士的交往，有些文人本身就信奉道教，松醪在文人中也很流行，从大量的吟咏之作中可以看出文人对松醪有着特殊的感情。如唐代张九龄《答陆澧》曰："松叶堪为酒，春来酿几多。"唐代窦庠《酬韩愈侍郎登岳阳楼见赠》："野杏初成雪，松醪正满瓶。"杏花开成雪，一般要等到三月上旬，清明节前后，"初"与"正"相对，指明了古人多在仲春时节酿制松醪的时令特色。

三清茶[1]（节选）

[清] 爱新觉罗·弘历

梅花色不妖，佛手[2] 香且洁。松实味芳腴，三品[3] 殊清绝。烹以折脚铛[4]，沃[5] 之承筐雪。

【注释】[1] 此诗收录于《清高宗御制诗初集》卷三十六。　[2] 佛手：佛手柑的别名，柑果前端作手指状分裂，为食品原料，并常供药用，果皮可提取香油，以充香料。　[3] 三品:指梅花、佛手和松实。松实,指去壳的松子。　[4] 铛:温器。　[5] 沃:用热水浇。

三清图

【品析】 乾隆皇帝在本诗下自注:"以雪水沃梅花、松实、佛手啜之,名曰三清。"乾隆以松实、梅花、佛手泡茶,烹以雪水,称为"三清茶"。乾隆认为这三物品格清绝,以之入茶,茶味清香而水不浑浊。

"三清"本是吉语,在道教中指的是最高天界,也指神仙所居住的最高仙境。在清朝,皇家用梅花、松子、佛手加雪水烹制成"三清茶",举行茶宴。"三清茶"是以狮峰龙井为主料,佐以梅花、松子和佛手。雪水烹茶由来已久,梅花为饮宋代就已流行,梅花芳香高洁,五个花瓣象征五福;松子清香爽口,松树长寿,不怕严寒,象征事业永远兴旺发达;佛手是香果,又与"福寿"谐音,象征着福寿双全。因此,用"三清茶"奉客,寄托了人们对平安、幸福、健康的美好期望。

松穰鹅油卷[1]

[清] 曹雪芹

这盒内是两样蒸食:一样是藕粉桂花糖糕,一样是松穰[2]鹅油卷。

【注释】 [1]本篇选自清代曹雪芹《红楼梦》第四十一回"栊翠庵茶品梅花雪,怡红院劫遇母蝗虫"。题目为编者所加。　[2]松穰:松仁。

【品析】 松穰鹅油卷,即以松子仁做馅心,以鹅油、面粉加工制成花卷。松穰既可食用,又可入药,是延年益寿的长生果。《本草纲目》记载它可"补中益气,强身健体"。鹅油加工制作时抹在面上,独具风味。中医认为鹅油大补五脏、甘平无毒、止消渴、消肿痛,还有润肤美白的效果。松穰鹅油卷的做法是用糯米粉和水揉成面团,取松子剥壳得瓤,现烤鹅肉得鹅油。鹅油里放上白糖后,均匀刷在面皮上,然后将松瓤嵌在面皮上卷起,同时在卷上去的面皮另一面刷鹅油,卷好后放入蒸笼蒸熟。松穰鹅油卷,玲珑剔透如水晶,不仅美味,而且营养。

《红楼梦》中多次写到用松子制作点心或食用松子。如第七十六回："贾母将自己吃的一个内造瓜仁油松穰月饼，又命斟一大杯热酒，送给谱笛之人，慢慢的吃了再细细的吹一套来。"所谓"内造"指的是宫内所造。又如第十九回"情切切良宵花解语，意绵绵静日玉生香"写宝玉闲得无聊，去袭人家串门，袭人不敢乱给他东西吃，只是"拈了几个松子穰，吹去细皮，用手帕托着送与宝玉"。

茯苓霜[1]

［清］曹雪芹

只有昨儿有粤东的官儿来拜，送了上头两小篓子茯苓霜。余外给了门上人一篓作门礼，你哥哥分了这些。这地方千年松柏最多，所以单取了这茯苓的精液和了药，不知怎么弄出这怪俊的白霜儿来。

【注释】 [1]本篇选自清代曹雪芹《红楼梦》第六十回"茉莉粉替去蔷薇硝，玫瑰露引来茯苓霜"。题目为编者所加。

【品析】 茯苓霜是用鲜茯苓去皮，磨浆，晒成白粉而成。因色白如霜，质地细腻，故称茯苓霜。茯苓性平味甘，能够健脾益胃，宁心安神，美容养颜。综观《红楼梦》，全书有多处写到茯苓，除了茯苓霜和千年松根茯苓胆之外，林黛玉吃的人参养荣丸、秦可卿吃的益气养荣补脾和肝汤中，都有茯苓。

关于茯苓的妙用，中国道家典籍中早有记载。晋代葛洪的《抱朴子》中有这样一个传说："任子季服茯苓十八年……不复食谷，灸瘢皆灭，面体玉光。"一个叫任子季的人服用茯苓十八年后，不吃五谷杂粮，面容像玉一样光泽温润。孙思邈《枕中记》也有类似的记载，如"茯苓久服，百日病除"。

松 菌[1]

［清］袁枚

松菌加口蘑炒最佳。或单用秋油[2]泡食，亦妙，惟不便久留耳。置各菜中，俱能助鲜。可入燕窝作底垫，以其嫩也。

【注释】 [1]本篇选自清代袁枚《随园食单》"杂素菜单"。松菌是生长在松林里的一种蕈。松蕈是名贵的野生食用菌，肉质细嫩，甜润甘滑，富含松菇酸和松皮盐酸，有柔和的特殊香味，同时对于更年期内分泌紊乱等症也有较好的疗效。因此，中国有"松茸赛鹿茸"之说，称其为"食菌之王"。 [2]秋油：历经三伏天晒酱，立秋时提取的第一批酱油，也就是通常所说的"头抽"。清代王士雄《随息居饮食谱》说："笃油则豆酱为宜，日晒三伏，晴则夜露，深秋第一篘者胜，名秋油，即母油。调合食物，荤素皆宜。"笃（chōu），用篾编成的滤酒器。

【品析】 《随园食单》是清代著名文学家袁枚所著。袁枚（1716—1798），字子才，号简斋，又号随园老人，浙江钱塘（今杭州）人，曾任溧水、江浦、江宁等地知县。辞官后定居江宁，在南京小仓山下购筑"随园"，优游其中近五十年，诗文颇享盛名。袁枚是位美食家，每吃到好菜肴，便会细问做法，甚至以轿迎女厨来园制造，可见爱好之深。作为经验丰富的美食家和烹饪家，袁枚所著的《随园食单》是一部系统论述清代烹饪技术和涵盖南北菜品的著作。

这段文字介绍了松菌的吃法。松菌配口蘑炒食，风味绝佳；用秋日第一次提炼出来的酱油泡食也妙。松菌香味独特，添加在各类菜肴中都能提鲜；因为口感嫩滑，也可放入燕窝中做垫菜。美中不足之处是，松菌不易保存，宜快餐不宜久留。

王太守八宝豆腐^[1]

[清]袁枚

用嫩片切粉碎，加香蕈屑、蘑菇屑、松子仁屑、瓜子仁屑、鸡屑、火腿屑，同入浓鸡汁中，炒滚起锅。用腐脑亦可。用瓢不用箸。孟亭太守云："此圣祖^[2]赐徐健庵^[3]尚书方也。尚书取方时，御膳房费一千两。"太守之祖楼村先生为尚书门生，故得之。

【注释】 [1]本篇选自清代袁枚的《随园食单》。 [2]圣祖：指清圣祖爱新觉罗·玄烨，即康熙皇帝。 [3]徐健庵：徐乾学，号健庵，清代学者、藏书家，江苏昆山人。

【品析】 "八宝豆腐"是将松子仁屑和瓜子仁屑、香蕈屑、蘑菇屑、鸡屑、火腿屑加入浓鸡汤中，与嫩豆腐烹制一起而成。此菜有两大特点：一是口味鲜美，细嫩的豆腐浸入鸡汤的鲜味和蘑菇、松仁、香蕈等的香味后，鲜香细滑，胜于燕窝；二是营养丰富，这道菜中的松仁、香蕈、香菇等都是有益健康之物，经常食用，可使人延年益寿。

这道菜以八种优质原料制成，康熙赐名为"八宝豆腐"，将它列为御膳之一。康熙曾将"八宝豆腐"之方赐给尚书徐乾学，徐又将此方传给门生楼村，楼村又传给自己的后人。乾隆年间，其法已传到楼村的外甥王孟亭太守手中，故称"王太守八宝豆腐"。清代美食家袁枚把它载入烹饪经典《随园食单》中。这道菜将松子仁作为"八宝"之一，松仁不仅清香美味，还具有很好的营养价值和药用价值。明代李时珍认为松子可"润肺，治燥结咳嗽"。清代王士雄《随息居饮食谱》也赞松子"补气充饥，养液熄风，耐饥温胃，通肠辟浊，下气香身，最益老人，果中仙品"。

松苓酒[1]

[清] 李伯元

乾隆时，张文敏献松苓酒。此酒制法，于山中觅古松，伐其本根[2]，将酒瓮开坛埋其下，使松之精液吸入酒中。逾年后掘之，其色如琥珀，名曰松苓酒，帝喜饮之。说者谓此酒能延寿云。

【注释】 [1]本篇选自清代李伯元《南亭笔记》卷一。题目为编者所加。李伯元（1867—1906），名宝嘉，字伯元，别号南亭亭长，江苏武进人。晚清小说家，著名报人，代表作为谴责小说《官场现形记》。 [2]本根：草木的根干。

【品析】 明代李时珍《本草纲目》卷二五载有"松液酒"的制法："于大松下掘坑，置瓮承取其津液，一斤酿糯米五斗。"李伯元《南亭笔记》中所载"松苓酒"的制法与《本草纲目》中"松液酒"有相似之处：于大深山之中，选择一棵苍劲挺拔的古松，向下深挖至树根，将酒瓮打开盖，埋在树根之下，根切开一个口，让松根的液体渐渐被酒吸入接收。一年以后，取出酒，酒色如琥珀，便是上乘的松苓酒。两者都是在大松下挖坑取松的津液，不同之处是，《本草纲目》中的"松液酒"是将取得的松液与糯米按一定的比例配合后酿酒，而《南亭笔记》所载"松苓酒"则是直接让松液渗入酿好的酒中。

三、松柏的医药应用

松柏具有很高的医药价值。松叶、松脂、松节、松花、松子、茯苓、柏叶、柏枝、柏实、柏根都有治病的功效。松柏的医药价值在先秦时期就被发现和应用，从先秦的《神农本草经》，宋代的《本草衍义》《图经本草》，明代的《本草纲目》《本草正》，到清代的《本草汇笺》《本草经解》等，各个时代本草类的医药典籍中对松柏的主治功能都有详细的记载。此外，在道教典籍和文学作品中，也涉及松柏的治病功能。

仙　药[1]

[晋]葛洪

上党有赵瞿者，病癞[2]历年，众治之不愈，垂死。或云："不及活，流弃之。后子孙转相注易[3]。"其家乃赍[4]粮将之，送置山穴中。瞿在穴中，自怨不幸，昼夜悲叹，涕泣经月。有仙人行经过穴，见而哀之，具问讯之。瞿知其异人，乃叩头自陈[5]乞哀，于是仙人以一囊药赐之，教其服法。瞿服之百许日，疮都愈，颜色丰悦，肌肤玉泽。仙人又过视之，瞿谢受更生活[6]之恩，乞丐[7]其方。仙人告之曰，此是松脂耳，此山中更多此物，汝炼之服，可以长生不死。瞿乃归家，家人初谓之鬼也，甚惊愕。瞿遂长服松脂，身体转轻，气力百倍，登危越险，终日不极，年百七十岁，齿不堕，发不白。……于时闻瞿服松脂如此，于是竞服[8]。其多役力[9]者，乃车运驴负，积之盈室，服之远者，不过一月，未觉大有益辄止，有志者难得如是也。

松脂彩绘图，出自明万历时期彩绘本

【注释】 [1]本篇选自晋代葛洪《抱朴子·仙药》。题目为编者所加。葛洪（约281—341），字稚川，自号抱朴子，丹阳郡（今江苏句容）人，东晋著名医药学家。 [2]癞：麻风病。 [3]注易：转相连续，延绵不断。大致相当于现在"传染"一词的含义。 [4]赍（jī）:把东西送给别人。 [5]自陈：自己述说。 [6]生活：生存，活着。 [7]乞丐：请求给予。 [8]竞服：竞相服用。 [9]役力：干体力活。

【品析】 这则故事记述了上党一个名叫赵瞿的人，患麻风病多年，医治无效。因为这种病传染性很强，家属无奈，便带上粮食，把病人送到野外一处山洞中。赵瞿在洞中自怨不幸，昼夜悲叹涕泣。一天，有位仙人路经洞前，听到赵瞿的哭诉，很同情他，于是拿出个药囊给赵瞿，教他服用方法后便飘然离去。赵瞿服用百余日后，不仅麻风痊愈，而且肤色丰泽。后来仙人又路过此地，赵瞿跪谢再三，并请求给予药方。仙人告诉他所服的是松脂，长久服食的话，"可以长生不死"。此后，赵瞿长期服食松脂，身体逐渐转轻，力气大增，到了一百七十岁，还发不白，齿不落。当时的人听说赵瞿服用松脂的神效后，竞相服食。以至于从山里用车运，用驴驮，屋子里堆满了松脂。但是大部分人都坚持不下来，服用一段时间后，没觉得有多大益处就放弃了。

这则故事体现出了道教服食思想与治病的结合，松柏不仅能治疗普通的疾病，甚至能治麻风这样可怕的传染病，更体现出松柏的奇异。正是因为这些神话故事，才使得道教把松柏视为仙药，从而在社会上带动起注重松柏药用的风气。

茯苓面[1]

[宋] 苏轼

某旧苦痔疾，盖二十一年矣。今忽大作，百药不效，知不能为甚害，然痛楚无聊两月余，亦颇难当。出于无计，遂欲休粮，以清净胜之，则又未能，遽尔[2]则又不可。但择其近似者，断酒肉，断盐酪酱菜，几有味物皆断，又断粳米饭，惟食淡面一味，其间更食胡麻茯苓面少许取饱。胡麻去皮，九蒸曝，白茯苓去皮，入少白蜜为炒，杂胡麻食之，甚美。如此服食多日，气力不衰，而痔渐退。

茯苓彩绘图，出自明万历时期彩绘本

【注释】 [1] 本篇选自宋代苏轼《与程正辅书》。 [2] 遽尔：急切，迅速。

【品析】 苏轼在这封书信中以切身体验说明了茯苓面对痔疮的治疗作用。据东坡自述，其受痔疮之苦二十一年，发作时痛楚难当，试了很多的药都没有效果。无奈之下，饮食断绝酒肉、盐酪酱菜，连粳米饭都断了，只吃不加调味的淡面，常吃胡麻茯苓面充饥。这样吃了多日后，感觉身上的气力不减，痔疮也慢慢地痊愈了。苏轼的弟弟苏辙写有《服茯苓赋叙》，赞美松柏的禀性、品质："寒暑不能移，岁月不能败者，惟松柏为然。"在这篇"叙文"里，苏辙也是以自身体验，说明了茯苓还有调治脾肺的功效。

四、松柏的园林应用

松柏是我国应用最广泛的园林绿化树种之一。松柏寿命长，树形美观，古朴典雅、郁郁葱葱，自古以来就常栽植于园林、庭院、寺庙和陵墓中。松柏一直是被园林青睐的树种，春秋时诸侯苑囿已开始种植松柏，至迟在汉代，松柏被引入皇家园林。魏晋六朝时期，随着士族庄园经济的发展，私家园林勃然兴起，推广了松柏的种植。唐代私家园林更为兴盛，栽培、嫁接技术进步，松柏的品种大为丰富。宋代是文人写意园的定型期，松柏是文人园林中的重要景物。明清是古典园林的成熟期，松柏几乎是各类园林中必不可少的景物，如承德避暑山庄的"万壑松风"、拙政园的"听松风处"、颐和园的万寿山，都以松柏构成重要景观。

松柏在园林建设中的种植优势，主要有三，一是松柏四季常青，凡园林必定会将常青树种和季节性观赏花木混合种植，以保证景观既有季节变化，又能四时皆有生气，松柏正是园林常青树种的首选。二是松柏或苍劲，或挺秀，姿态美观，变化万千，无论孤株单植，还是成片种植，都可自成景观，且易与其他花木搭配成景。松柏既可与竹梅共处，同类相聚，如唐代朱庆余《早梅诗》所说："堪把依松竹，良涂一处栽。"又可与桃李之类的观花植物间植，相互映衬，如宋代徐铉《奉和御制春雨》："霁后楼台更堪望，满园桃李间松筠。"三是松柏具有岁寒、有心、有节、孤直等比德寓意，园林种植松柏，还有以之作为人格寄托之意。

松柏盆景在宋代已成为花市的紧俏商品，以苍老古怪为佳，通过控制树木的水、肥，使树木既长不大，又显苍老古劲。为了起到理想的造型效果，宋代盆景制作者用棕丝束缚干枝，把松柏塑造成各类形象，这类盆景在花市上非常受欢迎。

松柏是古代行道、驿亭经常种植的树种。比如，自唐代庾岭梅花闻名以来，庾岭的青松也渐成规模，自唐至清，形成庾岭官道松梅相映的特有景观。又如蜀道"翠云廊"，三百余里官道，古柏数十万株，由明正德时期知州李璧植。如今蜀道上仍保存着近万株古柏，其中有不少珍异品种。

平泉山居草木记（节选）

[唐] 李德裕

嘉树芳草，性之所耽[1]，……木之奇者，有天台[2]之金松[3]……金陵之珠柏[4]……茅山[5]之山桃、侧柏[6]……宜春[7]之柳柏[8]……蓝田[9]之粟、梨、龙柏[10]。

【注释】 [1] 耽：沉溺，着迷。 [2] 天台（tāi）：位于浙江省东中部，台州市北部。 [3] 金松：常绿大乔木。高达四十米，大叶轮生，扁条形，嫩枝上的小叶鳞片状，树冠呈狭圆锥形，是著名的观赏树之一。 [4] 珠柏：又名珠子柏，结实如珠子，丛生叶上，香闻数十步。 [5] 茅山：位于江苏句容，今仍名茅山。 [6] 侧柏：扁柏。柏科乔木，可供观赏，其材可供建筑及制造器物用。叶与果实，中医以之入药。 [7] 宜春：在江西，今仍名宜春市。 [8] 柳柏：形似柳非柳，似柏非柏，扁叶垂枝，仪态万千，因为兼具柳与柏的形态特点，故名"柳柏"。 [9] 蓝田：在陕西，今仍名蓝田。 [10] 龙柏：桧的栽培变种，长到一定高度，枝条螺旋盘曲向上生长，好像盘龙姿态，故名"龙柏"。

【品析】 平泉山居是晚唐名相李德裕的私家园林。山居离洛阳三十里，其中亭台楼榭百余所，园中遍植珍异花草，随处可见奇松怪石。李德裕在《平泉山居草木记》中详列了珍稀花卉、水生植物、木本树种以及药苗六十多种。他自豪地说："其伊洛名园所有，今并不载，岂若潘赋《闲居》，称郁棣之藻丽；陶归衡宇，喜松菊之犹存。"西晋潘岳《闲居赋》有"梅杏郁棣之属，繁荣藻丽之饰"之语，东晋陶渊明《归去来兮辞》有"三径就荒，松菊犹存"之句，李德裕引用这两个典故，意在说明潘岳与陶渊明文中所称赏的桃、杏、李、松、菊等是常见的花木，而《平泉山居草木记》所记草木都是当时伊洛名园所没有的珍品。

从"天台""金陵""茅山""宜春"等地名中，可以看出平泉山居草木的"南方特色"，如本段文字中所列的金松、珠柏、侧柏、柳柏，都是从南方移植到平泉山居的，是洛阳难得一见的珍异品种。据此可以了解中唐时期园艺的发展盛况。

松　岛[1]

[宋] 李格非

松、柏、枞[2]、杉、桧[3]、栝[4]，皆美木。洛阳独爱栝而敬松。松岛，数百年松也。其东南隅[5]双松尤奇。在唐为袁象先[6]园。本朝属李文定公[7]丞相。今为吴氏园，传三世矣。颇葺[8]亭榭池沼，植竹木其旁，南筑台，北构堂，东北曰道院。又东有池，池前后为亭临之。自东大渠引水注园中，清泉细流，涓涓无不通处。在他郡尚无有，而洛阳独以其松名。

【注释】 [1] 选自宋代李格非《洛阳名园记》。 [2] 枞（cōng）：常绿乔木，茎高大，树皮灰色，小枝红褐色。木材供制器具，又可做建筑材料，亦称"冷杉"。[3] 桧（guì）：常绿乔木，即圆柏。幼树的叶子针状，大树的叶子鳞片状，果实球形。木材桃红色，有香味，可供建筑等用。 [4] 栝（guā）：古书上指桧树。 [5] 隅（yú）：角落。 [6] 袁象先：五代时人，后梁太祖朱温甥。入后唐赐姓名为李绍安。[7] 李文定公：李迪，宋真宗、仁宗朝两次为宰相，卒后谥文定。 [8] 葺（qì）：原指用茅草覆盖房子，后泛指修理房屋。

【品析】 《洛阳名园记》是有关北宋私家园林的一篇重要文献，作者通过亲身经历对当时称著洛阳的十九处宅第园林加以评述，可供我们了解北宋洛阳园林的梗概。李格非，字叔文，济南人，为女词人李清照之父。李格非在《洛阳名园记》中说："洛阳之盛衰，天下治乱之候也。"又说："园圃之废兴，洛阳盛衰之候也。"洛阳是北宋的西京，在北宋时期地理位置和战略位置特殊，可以说，洛阳的兴衰是天下太平或动乱的征兆，而园林宅第的兴废则是洛阳兴衰的征兆。

北宋洛阳园林的兴盛，有多方面的原因，既有历史和政治的原因，也有自然因素，如水土、气候等方面的条件。洛阳是唐代的东都，园林事业十分兴盛，北宋时洛阳是西京，也是许多官僚安家的理想之地。穆修《过西京》说："西京自古帝王宫，无限名园水竹中。来恨不逢桃李日，满城红树正秋风。"司马光的《题太原通判杨郎中希元新买水北园》也说："洛阳名园不胜纪，门巷相连如栉齿。修竹长杨深径迂，令人悒悒气不舒。"

松岛，是洛阳名园之一，以种植松树为主，兼种柏、杉、桧、枞、栝等美木。洛阳人喜爱栝、敬重松，松岛园内因为多数百年古松而得名，特别是园林东南角的两棵松树形态尤为奇特。古松参天，苍老劲姿，是松岛的特色。唐代时此园是袁象先的私园，北宋时为归李迪所有，后又归吴氏所有。经过数代经营，园中古松苍劲，加以亭台楼阁、清泉细流、竹木成林，成为一个典雅幽美的游息园。

驾霄亭[1]

[宋]周密

张镃功甫，号约斋，循忠烈王[2]诸孙，能诗，一时名士大夫，莫不交游，其园池声妓服玩之丽甲天下。尝于南湖园作驾霄亭于四古松间，以巨铁绠[3]悬之空半而羁[4]之松身。当风月清夜，与客梯登之，飘摇云表，真有挟飞仙[5]、溯[6]紫清[7]之意。

【注释】 [1]本段文字出自宋代周密撰，张茂鹏点校《齐东野语》卷二十"张功甫豪侈"条。题目为编者所加。 [2]循忠烈王：张俊（1086—1154），曾与岳飞、韩世忠、刘光世并称四大将领，又称为"中兴四将"，深得宋高宗赵构的宠爱。晚年封清河郡王，显赫一时，逝世后追封为循王，谥号"忠烈"，亦称"张循王"。[3]铁绠（gēng）：铁索。 [4]羁：束缚。 [5]飞仙：会飞的仙人。 [6]溯：寻求，追溯。 [7]紫清：指天上，泛指神仙居所。

【品析】 张镃，字功甫，号约斋，张俊之孙。张镃精通园艺，能诗善画，为人倜傥风流。淳熙间张镃在白洋池之滨购得曹氏荒圃。白洋池又称南湖，因此张园又叫南湖园。张镃虽然官仅至奉议郎，然而所居的南湖园却丽甲天下，远近闻名。这所园林占地很广，经过数年经营，园中假山池沼、楼台亭榭百余处，无屋不精、无景不奇，花木品类繁多，四时不断。

南湖园中有驾霄亭，建在四株古松之间。用巨大的铁链悬空紧系在古松主干上，铺板搭楼。每当风清月白的夜晚，与宾客登梯上亭，或赏景小酌，或品茗赋诗，飘摇云端，有如仙人。亭是常见的园林建筑，但像驾霄亭这样用存活的古松来做亭柱却是难得一见的。月明之夜登亭，边听松风，边在松梢间赏月，让人不得不叹服张镃的奇思妙想与独特的审美趣味。驾霄亭这个用生意盎然的古松造就的园林景观绝对是别具特色的古代建筑，张镃对这一创意显然很得意，经常邀人在此赏月，驾霄亭成为南湖园雅集的一个重要场所。张镃作有《感皇恩·驾霄亭观月》："诗眼看青天，几多虚旷。雨过凉生气萧爽。白云无定，吹散作、鳞鳞琼浪。尚余星数点，浮空上。 明月飞来，寒光磨荡。仿佛轮间桂枝长。倚风归去，纵长啸、一声悠扬。响摇山岳影，秋悲壮。"这首词描写了在清净凉爽的夜晚登上驾霄亭赏月的情景和飘飘欲仙的感觉。其中"倚风归去"和"乘风归去"意思相近，出自苏轼《水调歌头》："我欲乘风归去，又恐琼楼玉宇，高处不胜寒。"

清代袁枚的随园里有"六松亭""柏亭"，采用的是类似的构思。据袁枚之孙袁祖志《随园琐记》记载："结松为亭，其数六株，天然成就，不假人力。""其枝干之披拂，俨然绿瓦之参差。""柏亭"也是借几株古柏为支柱，加以茅草，结成亭盖。这类建筑的特点是善于利用自然条件，减少用工原料，增加浑然天成的趣味。

松树宜称[1]

[明] 吕初泰

松骨苍，宜高山，宜函洞[2]，宜怪石一片，宜修竹万杆，宜曲涧[3]粼粼，宜寒烟[4]漠漠。

【注释】 [1] 本段文字选自明代吕初泰《花政》中的"雅称篇"。篇名虽为"雅称"，实际上是论述植物在造园中的作用以及各种园林植物配置等的论著，堪称中国园林发展史上有关园林植物配置经验的结晶。 [2] 函洞：也作"涵洞"。[3] 曲涧：山间曲折的水沟。 [4] 寒烟：寒冷的烟雾。

【品析】 这段文字指出了松树在我国造园上的应用以及与其他景物的搭配。松骨苍劲，适宜高山，山势可以衬托得松树更加高大挺拔；山高风劲，大片松林在风的作用下还会形成"松涛"，犹如惊涛骇浪，蔚为壮观。松树配以怪石，或与修竹为伍，更具画意。松与水也相宜，无论是映衬川流而过的涵洞，还是曲折婉转的山涧，都别有一番情趣。哪怕是寒烟漠漠的荒原上挺立着一棵孤松，也会构成一道独特的风景。这里谈到松树景物配置时涉及多方面的因素，既有自然、生态的，也有文化、艺术和民族习惯等。

龙窝园[1]

[清]《如梦录》

龙窝园内尽是木香[2]、木樨[3]、松、柏、月季、宝相[4]等花，编成墙垣[5]，茨松结成楼宇，荼蘼、木香搭就亭棚，塔松森天，锦柏满园，松狮、柏鹤，遇风吹动，张口展翅，活泼如生。万紫千红，种种不缺，有四时不谢之花，八节长春之景。

【注释】 [1]本段文字出自《如梦录·周藩纪》。题目为编者所加。"龙窝园"是寿春园的园中园。清代常茂徕在《寿春园》中记寿春园又名"百花园"，本为明代王府花园。 [2]木香：多年生草本植物，花黄色，香气如蜜。 [3]木樨：桂花。 [4]宝相：蔷薇花的一种。 [5]垣（yuán）：墙。

【品析】 《如梦录》原作者失考，作于清初，常茂徕原注。该书仿《东京梦华录》体例，反映明代开封的城池形胜、周府故基、市井贸易、祠庙古迹、花园景物以及典章制度、风俗礼仪等，征引详博，可供开封地方史及民俗研究参考。其中周藩宫苑，如寿春园、应城府花园、上洛山庄，对研究明代开封园林是十分重要的史料。

明清园林中流行植物造型，龙窝园中用木香、木樨、松柏、月季、宝相等花木编成围墙，开花时雕绘满眼，香气惹人；又以茨松结成楼宇，以荼蘼、木香搭就亭棚。园中松柏有的被修剪成狮子、仙鹤的动物造型，风吹之下，松狮张口，柏鹤展翅，栩栩如生。园中既有各种花卉依次开放，又植有松柏之类的常青树木，一年四季都充满生意。

万壑松风（并序）

[清]爱新觉罗·玄烨

在无暑清凉之南，据高阜，临深流，长松环翠，壑虚风度，如笙镛迭奏声，不数西湖万松岭也。

偃盖龙鳞万壑青，逶迤芳甸杂云汀[1]。白华[2]朱萼勉人事，爱敬南陔[3]乐正经。

【注释】 [1]云汀：湖边低地。
[2]白华：《诗经·小雅》篇名，笙诗，有目无词。《毛诗序》云："白华，孝子之洁白也。" [3]南陔：《诗经·小雅》中笙诗名，有目无词。《毛诗序》云："南陔，孝子相戒以养也。"

【品析】 这首七言绝句，是康熙为避暑山庄著名景点"万壑松风"所题写的定景诗。万壑松风是清代皇家园林避暑山庄的主要景点之一，建成于康熙四十七年（1708）。万壑松风在无暑清凉的南面，上据高阜，下临深流，高松叠翠，万壑松风如笙箫奏鸣，犹如杭州西湖的万松岭。避暑山庄以古松为

[清]冷枚《避暑山庄图》（故宫博物院藏）

基调，园林建筑中以松为主题的有万壑松风、松岩亭、松木楼、松鹤斋、古松书屋等。在碧波万顷的茫茫树海中，松树是主要树种，契合了山庄苍古朴野的格调。

五、松柏的其他应用

松柏除了应用于建筑、饮食、医药外，在日常生活中还有许多用途。松柏多油脂，树枝是上好的薪材，燃烧时能发出清香，用来烧饭、烹茶均可。松木燃烧后所凝的松烟是制墨的原料，所制成的墨叫作"松烟墨"。松木是制琴的良材，唐代制琴高手雷威擅长用松木斫琴，不仅音色妙过常见的桐木琴，而且松木不易变形，能保存千年，人们称这种琴为"雷琴"或"雷公琴"。松树皮表面的粉状白衣（一曰绿衣）可以用来制香，称为"艾纳香"（又作"艾衲香"）；松柏的根、枝、实、叶捣碎后还可制作炉香。松柏在生活中应用广泛，以此为题材的文学创作，散发着浓郁的生活气息，有着特别的审美价值。

竹 竿[1]（节选）

《诗经》

淇水[2] 悠悠，桧[3] 楫[4] 松舟。驾言出游，以写[5] 我忧。

【注释】 [1]本诗选自《诗经·卫风》，是节选，原诗共四章，这是第四章。[2]淇水：卫国水名。　[3]桧：柏科，常绿乔木，木材桃红色，有香味，细致结实。　[4]楫：船桨。　[5]写：疏泄。

【品析】 松柏树干挺直修长，木质坚硬，易于制作，不仅是建筑的良材，还被先民用于制造舟船。所选文字以抒情的手法描写了主人公驾着用松、桧木制作的小船荡漾在淇水上，以排解心中的忧愁。从"淇水悠悠，桧楫松舟"的描写中可见，上古时期淇河流域一带（今河南省北部）盛产松、桧，人们常用来制造舟船，以至于他们在抒写自己生活和情感的诗歌中加以咏唱。 松柏干直的特点在《诗经》中多次被描写到，如《大雅·皇矣》："帝省其山，柞棫斯拔，松柏斯兑。"《商颂·殷武》："陟彼景山，松柏丸丸。"两句中的"兑"和"丸丸"都是直的意思，这说明先民已认识到松柏树干修长挺直的审美特点。

《诗经》中除了《卫风·竹竿》篇"桧楫松舟"的描写外，还有两篇以《柏舟》为名的诗歌，一是《邶风·柏舟》，一是《鄘风·柏舟》，"柏舟"是用柏木做成的小船。《卫风》《邶风》《鄘风》是不同地区的民间乐歌。此外，《越绝书·记地传》中有越王勾践"伐松柏作桴"的记载："初徙琅琊，使楼船卒二千八百人，伐松柏以为桴，故曰木客。"说的是勾践到琅琊，命令水兵（楼船卒）砍松柏制成木船。"桴"是小木筏，是舟船普及之前水上的重要交通工具。可见，松柏木在先秦时期被广泛地用于造船。因此，后来松柏被称为"舟楫器"，用来比喻有才能的人。

乐府·其六

[三国·魏] 曹植

墨出青松烟[1]，笔出狡兔翰[2]。古人感鸟迹，文字有改判。

【注释】[1] 松烟：松木燃烧后所凝之黑灰，是制松烟墨的原料。　[2] 翰：长而硬的羽毛。

【品析】曹植（192—232），字子建，沛国谯县（今安徽亳州）人，生前曾为陈王，去世后谥号"思"，因此又称陈思王。曹植是三国时期著名文学家，其诗以笔力雄健和词采华美见长，是建安文学的代表人物之一。

松烟是制墨的重要原料。汉代就开始用松烟制墨，松烟墨是古墨的一种，主要以松烟和胶捣制而成。晋代卫铄《笔阵图》说："其墨取庐山之松烟、代郡之鹿胶十年以上强如石者为之。"元代陶宗仪《南村辍耕录·墨》也有类似的记载："唐高丽岁贡松烟墨，用多年老松烟和麋鹿胶造成。"松烟墨的特点是质细易磨、浓墨无光。宋代沈括的《梦溪笔谈》中有松烟墨和油烟墨的比较："鄜延境内有石油……余疑其烟可用，试扫其煤以为墨，黑光如漆，松墨不及也。"明代屠隆《考槃余事·朱万初墨》也说："余尝谓松烟墨深重而不姿媚，油烟墨姿媚而不深重。若以松脂为炬取烟，二者兼之矣。"

松烟墨历史悠久，从所选曹植的《乐府》诗句可见，三国魏时松烟墨已经普及。上好的松烟墨常被作为礼物赠送友人，得到这样珍贵礼品的文人往往要赋诗以谢，如唐代李白有《酬张司马赠墨》："上党碧松烟，夷陵丹砂末。兰麝凝珍墨，精光乃堪掇。黄头奴子双鸦鬟，锦囊养之怀袖间。今日赠余兰亭去，兴来洒笔会稽山。"张司马以家藏珍墨相赠，此墨取用名料，乃上党的松心与夷陵的丹砂，再加兰麝配制而成，墨色亮泽，又散发着芳香。主人一向珍而重之地收藏，如今割爱相赠，诗人决定用它写出更好的诗，以不负赠者的深情高谊。

烧松烟法，出自明万历时期彩绘本

松　炬[1]

[晋]陈寿

（太和）四年，拜宠征东将军。……其年（青龙元年），权自出，欲围新城。……明年，权自将号十万，至合肥新城。宠驰往赴，募壮士数十人，折松为炬，灌以麻油，从上风放火，烧贼攻具，射杀权弟子孙泰。贼于是引退。

【注释】 [1]本篇节选自晋代陈寿《三国志·魏书·满宠传》。题目为编者所加。

【品析】 三国时期的合肥，地处中原咽喉，江南之首，成为魏国扬州首邑和军事重镇。代督扬州诸军事的征东将军满宠，受命于魏明帝曹睿，镇守淮南，管辖合肥。合肥原有老城史称"汉城"。为了增强合肥的军事防御力量，满宠又在合肥建造"新城"。新城建好之后的第二年，孙权亲率十万大军来犯，满宠得到消息后，飞驰赶来救援，派壮士数十人折松作火把，浇上麻油，在上风口放火，把东吴军队的攻城器械全部烧毁，孙权的侄子孙泰也在这场战争中被乱箭射死。这里"松炬"被用作战争的武器，并且发挥了巨大的作用。"松炬"上淋的"麻油"应为胡麻油。据《汉书》记载："张骞外国得胡麻。"宋代沈括的《梦溪笔谈》也说："张骞始自大宛得油麻之种，亦谓之麻，故以'胡麻'别之。""胡"字暗示了它的来源。由于胡麻油质量好，出油率也高，所以胡麻一引入中原后很快就传播开去。

幽人笔[1]

[唐]冯贽

司空图[2]隐于中条山，芟[3]松枝为笔管，人问之，曰："幽人[4]笔正当如是。"

【注释】 [1]本篇节选自唐代冯贽《云仙杂记》卷一。题目为编者所加。
[2]司空图：字表圣，晚唐诗人、诗论家，代表作品为诗论著作《二十四诗品》。
[3]芟（shān）：割。　[4]幽人：幽隐山林的人。

【品析】 唐代司空图隐居中条山的时候，割松枝为笔，称之为"幽人笔"。

"幽人笔"是隐士专用的笔，其中有一种超尘脱俗的味道在里面。宋代的郑刚中曾经作过一组绝句专门歌咏松枝笔："小镂松梢作管城，肉枯鳞瘦不妨轻。快随醉客翩翩处，尚带山头风雨声。老根先入远烟胶，更取纤枝束细毫。再作一家香气聚，幽人研弄亦风骚。何用生花曾入梦，岂须大笔要如椽。自应优冠湘东品，斑竹容渠作比肩。不因蒙制巧相规，柯叶风霜未改移。今抱寸心何所用，助君多写岁寒诗。"

诗人赋松枝笔，有"肉枯鳞瘦不妨轻"的形态描绘，"犹带山头风雨声"的诗意联想，"柯叶风霜未改移"的品格评价，至于"幽人研弄亦风骚"中不乏风流自赏的情怀，"助君多写岁寒诗"则言用此非常之笔自当作格调高雅之诗，这些都超出了对松枝笔实际书写功能的表现，上升到审美观照和道德评价的层面。

松花纸[1]

[宋] 李石

元和中，元稹使蜀，营妓薛涛造十色彩笺以寄。元稹于松花纸上寄诗赠涛。蜀中松花纸、杂色流沙纸、彩霞金粉龙凤纸，近年皆废，唯余十色绫纹纸尚在。

【注释】 [1]本篇节选自宋代李石《续博物志》卷十。题目为编者所加。

【品析】 松花纸是古代名纸，一种淡黄色的笺纸，也称"松花笺"，还有人称为"薛涛笺"。薛涛是唐朝女诗人，幼年丧父，生活无着，落入乐籍，安史之乱时入蜀逃避战祸，定居成都。按李石《续博物志》记载，唐宪宗元和年间，元稹奉使来到西蜀，薛涛造十色彩笺相寄，元稹在松花纸上题诗赠给薛涛。唐代李济翁《资暇集》卷下说："松花笺代以为薛涛笺，误也。松花笺其来旧矣，元和初，薛涛尚斯色，而好制小诗，惜其幅大，不欲长，乃命匠人狭小之。蜀中才子既以为便，后减诸笺亦如是，特名曰'薛涛笺'。今蜀纸有小样者，皆是也，非独松花一色。"认为"松花笺"由来已久，"薛涛笺"尺幅小，色彩多样，不单松花一色。唐代诗歌发展达到顶峰，造纸工艺也得到进一步的发展，诗笺于是在文人中流行。但当时诗笺尺寸比较大，用来写小诗不好看。于是薛涛将诗笺尺寸改小，又发明新奇的染色技艺，将诗笺染出松黄、粉色、深红等十种颜色，这就是所谓的"十色彩笺"，当时的人称为"薛涛笺"。这种笺精巧雅致，用来题诗遣怀，情趣妙生，成为广泛流传的艺术品。薛涛用自己特制的彩笺写诗与元稹、白居易等人唱和，一时传为佳话。后以"薛涛笺"用为典故，也作"薛笺"。如宋代张元幹的《小重山》："薛涛笺上楚妃吟。空凝睇，归去梦中寻。"清代赵翼《美人风筝》诗之三："糊上薛笺身绚烂，制成湘竹骨玲珑。"均对"薛笺"有描述。

新安墨 [1]

[宋] 陆游

绍兴间复古殿供御墨，盖新安墨工戴彦衡所造。自禁中降出双角龙文，或云米友仁 [2] 郎所画也。中官 [3] 欲于苑中作墨灶 [4]，取西湖九里松作煤。彦衡力持不可，曰："松当用黄山所产，此平地松岂可用？"人重其有守 [5]。

【注释】 [1] 本文选自陆游的《老学庵笔记》。 [2] 米友仁（1074—1151）：两宋之际襄阳（今湖北襄樊）人，字元晖，一字君仁，小字虎儿，自称懒拙老人。米芾之子，书法绘画皆承家学。 [3] 中官：宦官，太监。 [4] 墨灶：一种炉灶，用来燃烧燃料（如松枝）来收集煤烟，用来制作墨。 [5] 守：节操。

【品析】 新安墨，也称"徽墨"，宋代以戴彦衡、吴滋的制作最负盛名。戴彦衡，宋高宗绍兴年间新安人，绍兴间为"复古殿"

造墨法，出自明万历时期彩绘本

制作御墨，制出带有"双角龙"图样的"御墨"。"双角龙"墨的图样是南宋画家米友仁所绘。这是墨工与画家合作制墨的最早记录，是墨品走向艺术品的重要步骤。《新安志》中也有相关记载："彦衡自绍兴八年以荐作复古殿等墨，其初降双脊龙样是米元晖所画，继作圭璧及戏虎样。时议欲就禁苑为窑，稍取九里松为之，彦衡以松生道傍平地，不可用。其后衢池工载他山松往造，亦竟不成。彦衡尝出贡余一圭示米公，米公以为少有其比。"戴彦衡制墨坚持用黄山松烧烟，当时有人建议取西湖九里松作烟煤，戴彦衡坚决反对，坚持松当用黄山所产，不能用平地生长的松树。对他的"重其有守"，后人十分钦佩。

十一月上七日蔬饭骡岭小店（节选）

[宋] 陆游

新秔[1]炊[2]饭白胜玉，枯松作薪[3]香出屋。冰蔬雪菌竞登盘，瓦钵[4]毡[5]巾俱不俗。

【注释】[1]秔（jīng）：同"粳"，稻的一种，米粒宽而厚，近圆形，米质黏性强，胀性小。 [2]炊：烧火做饭。 [3]薪：柴火。 [4]钵：洗涤或盛放东西的器具。[5]毡：用兽毛或其他纤维制成的片状物，可做防寒用品和日常生活中的垫衬材料。

【品析】这首诗描写的是一次旅途生活的经历。骡岭小店中雪白如玉的新粳米饭，松薪燃烧时清新的香气，美味的蔬菜野菌，不俗的餐具陈设都给诗人留下了温暖而美好的印象。枯松易燃耐烧，用来煮饭烹茶皆可，燃烧时还能发出清香之气，颇得文人喜爱。宋代周弼也有一首描写行旅生活的《青阳驿》："悄悄如秋麦气凉，山风吹透湿衣裳。小炉深幄枯松火，一夜寒香绕客床。"驿站旅店中萦绕的松薪之香在羁旅之人心头激起了温馨之意，字里行间流露出的是文人高雅的情趣。同样是写松作薪柴，清代蒋庭锡的《柴荒》一诗读来却感觉沉重："庭中多草莱，阶下多松竹。朝取炊晨餐，夜拾煮夕粥。松竹易以尽，草莱生不足。朝持百钱去，暮还易一束。湿重不可烧，漉米不能熟。"诗中反映出清代一些地区薪柴严重短缺的现状，不仅用作燃料的木柴缺乏，就连庭院中松竹野草都已被砍尽用光，市场上百钱才能换购一束薪柴。

雷威作琴^[1]

[元]伊世珍

雷威作琴，不必皆桐^[2]，遇大风雪中独往峨眉，酣饮，着蓑笠，入深松中，听其声连绵悠扬者伐之，斫^[3]以为琴，妙过于桐。有最爱重^[4]者，以"松雪"名之。

【注释】 [1] 本篇选自元代伊世珍《琅嬛记》。题目为编者所加。雷威，唐代著名的古琴制作家。四川雷氏家族世代造琴，其中以雷威最为有名。 [2] 桐：落叶乔木，叶大，开白色或紫色花，木材可做琴。 [3] 斫：用刀斧等砍。[4] 爱重：喜爱，重视。

【品析】 唐代雷氏家族所制之琴世称"雷琴"，也称"雷氏琴""雷公琴"。雷琴是中国古琴中的瑰宝。明代蒋克谦《琴书大全》称赞雷琴的音色之美："雷氏之琴其声宽大，复兼清润含蓄婉转，自槽腹见出，故他琴莫能及也。"

琴的分量、音色，和斫琴选用的木材有很密切的关系。雷琴注重选材，据《琴史补》说："雷氏斫琴多在峨眉、无为、雾中三山斫成。"《斫琴秘诀》曾引雷氏语说："选材良，用意深，五百年，有正音。"雷威选取琴材，不拘泥于陈法，不用当时常用的桐木，而是选用深山中经过风霜雨雪拍打的松木，斫成精妙绝伦的好琴。《琅嬛记》中这段文字便描写了雷威在大风雪天深入峨眉山，听松声选取琴材的事迹。清代朱伦瀚据此创作出《雷威雪岭听松图》。以松木斫琴是雷威的首创。桐木琴的缺点是容易变形，松木则不易变形，能保存千年之久。

雷琴在唐代就很受欢迎。《琴雅》云："贞元中，成都雷生所制之琴，精妙无比，弹之者众。"宋代苏轼激赏雷琴，他在《杂书琴事》探究雷公琴的特点："琴声出于两池间。其背微隆若薤叶然。声欲出而隘，徘徊不去，乃有余韵，此最不传之妙。"宋代刘克庄《挽郭处士》说："雷琴酷爱应同殉。"宋代赵抃

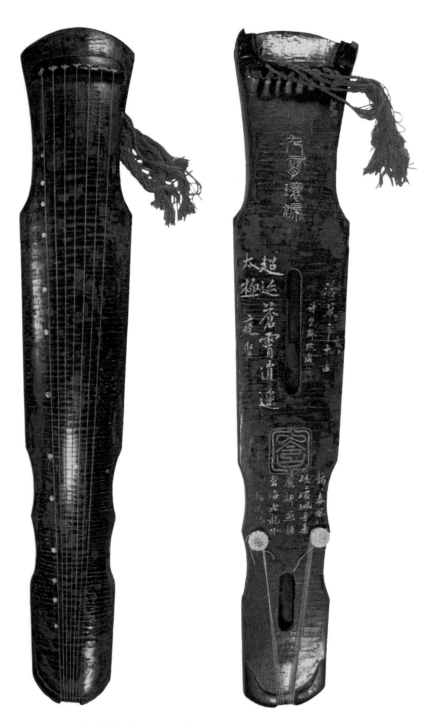

唐"九霄环佩"琴"伏羲式"（故宫博物院藏）

《次韵僧重喜闻琴歌》说："我昔所宝真雷琴，弦丝轸玉徽黄金。昼横膝上夕抱寝，平生与我为知音。"可见宋人对雷琴的爱重。直到现代，音乐家杨荫浏先生在《中国古代音乐史稿》中依然说："蜀人雷氏的琴，直到现在仍被演奏家们视为杰出的好乐器。"

<h1 style="text-align:center">松坪书隐记[1]（节选）</h1>

[元]王礼

松花可以酿醪[2]，艾纳[3]可以聚香，饵[4]叶令人不老，撷[5]菌胜于美蔬，脂[6]之沦[7]入地而岁久者，为茯苓[8]，为琥珀[9]，皆足以娱吾亲而益寿，暇则取其肪[10]以代烛，而昼夜读书于其阴。

【注释】 [1]本篇选自元代王礼《麟原王先生后集》卷七。 [2]醪：此指用松花或松脂酿的酒，叫松醪。 [3]艾纳：松树皮上绿衣，有香气。 [4]饵：服食；吃。 [5]撷：采摘。 [6]脂：松类树干分泌出的树脂。[7]沦：沉没。 [8]茯苓：寄生在松树根上的菌类植物，形状像甘薯，外皮黑褐色，里面白色或粉红色。中医用于入药，有利尿、镇静等作用。 [9]琥珀：古代松柏树脂的化石。色淡黄、褐或红褐，中医用为通淋化瘀、宁心安神的药。 [10]肪：松脂。

【品析】 元代王礼的《松坪书隐记》概括了松木广泛的应用价值以及给隐居生活带来的诸多情趣，其描写饶有趣味，散发着浓郁的生活气息。如写松花色泽淡黄，气味芳香，含有滋补养生的功能，用松花酿的酒，名为"松醪"，不仅美味，而且对人身体有益；松树皮上绿衣，名为"艾纳"，可以用来制香，燃烧时烟气青白不散；松叶具有药用及保健价值，有去疾延年的功效；松树下生长的菌类，叫作"松蕈"，味道鲜美，甘香嫩滑，胜于菜蔬；松类树干分泌出的树脂顺着树干流入根部，天长日久，形成茯苓、琥珀，服食后益寿延年，可献于家中长辈，表达孝敬之情；松脂多油，取来可替代蜡烛，用以照明等。

松在人民日常生活中的广泛应用，文人又引用到作品中，使松更透露出耐人寻味的文化信息。文人对松的偏爱，不仅因为松有着多方面的实用价值，更是因为中国历代文人对松树品格都一致地推崇。正是文人心灵的创造，使得松材富于审美和人格的意义，从而完成了从实用到审美、由俗到雅的飞跃。

发　烛[1]

[元] 陶宗仪

杭人削松木为小片，其薄如纸，熔硫黄涂木片顶分许，名曰发烛，又曰焠儿，盖以发火及代灯烛用也。史载周建德[2]六年，齐后妃贫者以发烛为业，岂即杭人之所制与？宋翰林学士陶公谷《清异录》云："夜有急，苦于作灯之缓，有知[3]者批杉条，染硫黄，置之待用，一与火遇，得焰穗然[4]，既神之，呼引光奴，今遂有货者，易名火寸。"按此，则"焠""寸"声相近，字之讹也。然引光奴之名为新。

【注释】[1]本文选自元末明初陶宗仪的《南村辍耕录》。　[2]周建德：指北朝北周的建德年间。　[3]知（zhì）：同"智"，智慧。　[4]然：同"燃"。

【品析】《南村辍耕录》为元史料笔记的一种，共三十卷，为元末明初陶宗仪所撰，记载了许多元代社会的典章、掌故、文物，同时论及书画、戏剧、小说、诗词等，对于文学和史学研究者均有一定参考价值。陶宗仪（1329—1412），字九成，号南村，浙江黄岩人，著名史学家、文学家。代表作除《南村辍耕录》外，还有《说郛》一百卷，为私家编集大型丛书较重要的一种，以及搜集金石碑刻、研究书法理论与历史的《书史会要》九卷。

从所选《南村辍耕录》的这段文字来看，江浙一带人用松木薄片作杆，顶上涂易燃的硫黄，用来点火或照明，俗称为"发烛""焠儿"。这种照明物无论是形状和作用，都类似今天的火柴。宋代陶谷的《清异录》记载的初名"引光奴"，后改名为"火寸"的引火物，是用硫黄、杉片制成的。这种引火物还很原始，不能摩擦发火。《清异录》大约是在公元960—980年间成书的，也就是说，在北宋建国之初，汴京这类大都市中出售过这种引火物，可见在民间已得到普遍使用。至于"史载周建德六年，齐后妃贫者以发烛为业"，指北朝北周的建德年间，生活困难的后妃发明了"发烛"。如果这条材料真实可靠的话，那这种类似火柴的引火物的出现又要向前推进四百年。

艾衲香[1]

[明] 陆深

栝松[2]百年，即有白衣如粉，本草谓之艾衲香。吾乡钱鼏先生号艾衲，盖取诸此。赵文敏公[3]号松雪，乃是一琴名。若艾衲香，亦可称曰松雪。

【注释】 [1] 本篇节选自明代陆深的《春风堂随笔》。题目为编者所加。

[2] 栝（guā）松：又称"栝子松"。松的一种，叶为三针。明代李时珍《本草纲目》"木部"松条篇："然叶有二针、三针、五针之别，三针者为栝子松。"

[3] 赵文敏公：元代著名文学家兼书画家赵孟頫，字子昂，号松雪道人，谥文敏，吴兴人。

【品析】 百年栝子松，树皮表面会生长出一层粉状的松衣，明代李时珍《本草纲目》称其为"艾纳"，曰："艾纳，生老松树上，绿苔衣也，一名松衣。和合诸香烧之，烟清而聚不散。别有艾纳香，与此不同。"元末明初画家钱鼏，号艾衲，大概就是源于此。元代书画家赵孟頫，号松雪，是源于一古琴名。元代伊世珍《琅嬛记》中记载雷威做琴，专门在大风雪天独往峨眉，在松林深处挑选发音连绵悠扬的松木，斫成精妙绝伦的好琴，音色超过用桐木做成的古琴。喜爱推重的人，称这种琴为"松雪"。至于"艾衲香"，用粉状的松衣制成，也可称作"松雪"。

松　明[1]

[明] 陆深

戴石屏诗："麦麨[2]朝充食，松明夜当灯。"此是山西本色语。深山老松，心[3]有油者如蜡，山西人多以代烛，谓之松明，颇不畏风。

【注释】 [1] 本篇选自明代陆深《燕闲录》。题目为编者所加。山松多油脂，劈成细条，燃以照明，叫"松明"。 [2] 麦麨(chǎo)：麦子炒熟后磨粉制成的干粮。[3] 心：松心，松木的中心部分。

【品析】《燕闲录》是一部笔记丛谈，载录唐宋及明朝史事、人物遗迹、地方掌故等。文中的"麦麨朝充食，松明夜当灯"，出自宋代戴复古《望花山张老家》。陆深认为这句诗体现了"山西本色"，因为山西人有以松明为灯的生活习俗。松明富含油脂，燃烧起来热量大，在风中不易熄灭，没有电灯之前，仍是很多地区山里人家夜间最常用的照明物。宋代梅尧臣《宣城杂诗》之十八"野粮收橡子，山屋点松明"，反映的是故乡宣城山中居民以橡子为粮，以松明为灯的生产、生活风俗。由此可见，古人用松条照明还是比较普遍的，处处留有松明之说。

对松明描写得最富美感的当数宋代苏轼的《夜烧松明火》："岁暮风雨交，客舍凄薄寒。夜烧松明火，照室红龙鸾。快焰初煌煌，碧烟稍团团。幽人忽富贵，穗帐芬椒兰。珠煤缀屋梢，香诣流铜盘。坐看十八公，俯仰灰烬残。齐奴朝爨蜡，莱公夜长叹。海康无此物，烛尽更未阑。"诗中将松明火比如"红龙鸾"，形容其光焰红艳；以"芬椒兰"为喻，言其气味芬芳。红焰碧烟，不仅视觉上颇有美感，而且寒夜之中予人温馨之意，令幽室顿生华贵之感。

松燃烧自己、照亮他人的牺牲精神，更引发对人道德品格的思考。于是，一种简朴的照明之物成为绝妙的诗材，对松明华美馨香、膏脂流溢的描写近乎审美的咏叹。元代于石《夜烧松明火次韵黄养正》描写松明火，则将关怀的目光投向民间疾苦："鹑衣百结缩如蝟，地炉拥膝便可闲从容。当年榷油幸不严，汝禁余用尚及斯民穷。阳和无声入骨髓，不知夜雪没屋霜横空。但见蒙蒙香雾霭，四壁红辉紫焰明窗枕。御寒何必裘蒙茸，盎然一室回春风。何当散作一天暖，坐令四海尽在春风中。"诗人情系百姓冷暖，大有杜甫"安得广厦千万间，大庇天下寒士俱欢颜"的胸襟和情怀。

在现代生活中，松明仍然常用于山间野外照明。京剧《智取威虎山》中有台词"点起明子"，就是要点起松明照亮，因此松明也称"明子"。现代散文家陆蠡有一篇题为《松明》的文章，其中写道："我又从松枝上折得松明，把它燃点起来，于是便有照着整个森林的红光。我凯旋似的执着松明大踏步归来。我自己取得了引路的灯火。这光照着山谷，照着森林，照着自己。"描写了松明在山间暗夜给行者带来的光明和希望，体现了野外生存要靠自己的智慧和力量去战胜环境，突破困境。

文化风貌篇

松柏的文化意蕴丰富，其文化内涵涉及文学、音乐、绘画、园林、饮食、民俗等多个领域，已由自然意象上升为人文符号，代表着对高洁坚贞人品的崇尚与对自由脱俗生活的追求。

松柏生命力旺盛，在中国大地上有着广泛的分布，其花、果、木、叶、脂都在古人的生活中发挥过重要作用。与古人生活的密切关系，奠定了松柏在中国传统文化中的重要地位。

中国文人自古喜欢托物言志，松柏生性耐寒、常年青翠，枝干刚劲峭拔，在体现主体理想人格上有着得天独厚的优势，因而很早就进入文人的视野。很多植物意象到宋代才获得普遍的人格象征意义，比如梅花、荷花、桃花等，而松柏在先秦时期就被赋予明确的人格内涵，被赋予岁寒后凋、坚贞有心、孤直不倚、劲挺有节等品格，成为君子人格的象征。松柏不仅是儒家理想人格的象征，与佛、道思想也有着密切的关系。在佛禅道场和阐发禅趣的作品中，松柏不仅是禅者修行的助伴，还是禅师的化身。道教把服食药饵作为养生成仙的途径之一，松柏之膏、茯苓、柏叶都被当作人间常见的养生草木药。

松柏在中国传统文化中有着尊崇的地位。在夏朝，松被尊为社稷之木，用以寄托先民对土地崇拜的感情。在商、周时期，松柏是最高统治者的专用墓树和制作棺椁的专用木材，是身份地位的象征。秦汉时期，墓地种植松柏逐渐向民间普及。魏晋六朝时，松柏已是民间最常见的坟头树。墓地松柏不仅起着坟墓标识的作用，还被视为地下亡灵的守护神。

松柏的药用价值及养生功能早已为先民所认识和利用，在汉晋时期流行的仙话传说中，古松老柏张扬着长寿仙灵的神奇魅力，表达了人们对长生、成仙梦想永恒的追求与渴望。松柏是最有代表性的长寿树种，加上造型奇异，寓意丰富，在民俗活动和装饰图案中常与仙鹤、石头等联袂出现，用以表达祝寿、纳福的美好意愿。与松柏相关的历史掌故、民间传说较为丰富，像"始皇封松""丁固梦松""剑挂孤松""莱公柏"等都是耳熟能详的历史故事。

一、文学作品中的松柏

松柏进入文学领域的时间较早，在《诗经》中松柏已多次出现，涉及最多的是其木材在建筑中的应用，这是松柏与人才比附关系形成的基础。《楚辞》中松柏作为山中女神纯洁、高贵人格的衬托与象征物，奠定了松柏与人的高洁品格之间的类比关系。

从先秦到唐宋，文学作品中松柏的审美内涵逐渐丰富。先秦松柏审美关注的重点是郁茂、高大、笔直，主要是从实用的角度来观照的。唐人已有意识地欣赏松柏的古老沧桑之美，其对古松美感的把握准确、独到，突破了之前松柏常青、繁茂的审美传统，将丑陋、怪异等特点也纳入松柏审美的范围，不仅使松柏审美更为全面，也是对自然审美的丰富。对老松怪异之美的描写在中晚唐表现得尤为突出，体现出以怪奇为美、以新异为美的时代新趋尚。宋代吟咏老松作品更多，《全宋诗》中有50多篇以"老松""古松"为题的诗歌。老松的形体、姿态、神韵之美得到淋漓尽致的表现，描写手法更为多样，老松的人格之美也得到充分展现。

文学作品中松柏的形象日益丰富，高松、孤松、小松、欹松、老松、衰松、古柏、病柏等都成为描写的对象，全面展示了松柏的审美特点和情感意蕴。"松"除了与"柏"固定搭配外，还经常与其他意象联用，形成一些稳定的组合，如"松竹""松菊""松兰""松风""松月""松泉""松雪""松云""松鹤""松石"等。这些审美意象既构成了意义悠远的文学传统，又构成了不同流俗的绘画传统。本书在对这些审美意象的梳理解读中，将"植物"与"文化"勾连起来，让读者对植物文化的源流有更深入而感性的认识。

山　鬼[1]（节选）

[战国] 屈原

山中人[2]兮芳杜若[3]，饮石泉兮荫[4]松柏。君思我兮然疑[5]作[6]。雷填填兮雨冥冥[7]，猿啾啾兮狖[8]夜鸣。风飒飒兮木萧萧，思公子兮徒[9]离[10]忧。

【注释】 [1] 本文节选自屈原的《楚辞·九歌·山鬼》。　[2] 山中人：山鬼自指。[3] 杜若：香草名。　[4] 荫：动词，遮阴。　[5] 然疑：半信半疑。　[6] 作：产生。　[7] 冥冥：昏暗不明的样子。　[8] 狖（yòu）：古书上说的一种猴，黄黑色，尾巴很长。[9] 徒：徒然，白白地。　[10] 离：通"罹"，遭受。

[清] 罗聘《山鬼图》（清华大学美术学院藏）

【品析】《九歌》是屈原依据楚国南部民间长期流传的祭祀乐歌加工改写而成的一组祭祀歌词、诗篇。《九歌》共十一篇，前九篇祭神，第十篇祭鬼，第十一篇是尾声。《九歌》虽是祭祀用的乐章，但其主要内容却是恋歌。以恋歌祭神是为了娱神、悦神，获得神的福佑。屈原，战国时期楚国诗人、政治家，"楚辞"的创立者和代表作家，开辟了"香草美人"的传统，被誉为"楚辞之祖"。

《山鬼》是楚人祭祀山中女神的乐歌。全诗描写了一位美丽、多情的山中女神与心上人约会，却一直不得相见。诗中对于山中景物的描摹，对于女神忧愁情绪的抒发，以及细腻传神的心理描写，使得诗歌缠绵悱恻，真切感人。山中女神像杜若一样芳香，渴了喝清澈的山泉水，累了在松柏树荫下休息。"石泉""松柏"等构成的自然环境愈加衬托出山鬼的清纯与高洁。诗人在这里给我们塑造了一个可怜又可爱的女性典型，她对恋人一片痴心，即使公子没能来赴约，她还在为对方着想，执着地等待着他，盼望着他。

屈原的《离骚》创造了"香草美人"的比兴传统。司马迁在《史记·屈原列传》中称赞他："其志洁，故其称物芳。"《离骚》中常常以各类香草代表高尚的品格，《山鬼》中的"松柏"就是作为山中女神纯洁情感与高贵人格的衬托与象征物。自屈原后，以松柏来象征高洁人格的写法为历代文人所运用，成为中国文学一个源远流长的传统。

赠从弟·其二[1]

[汉] 刘桢[2]

亭亭[3]山上松，瑟瑟[4]谷中风。风声一何[5]盛，松枝一何劲！冰霜正惨凄，终岁常端正。岂不罹[6]凝寒[7]？松柏有本性。

齐白石《松鹰图》（天津博物馆藏）

【注释】[1] 从弟：堂弟。　[2] 刘桢：字公干，山东东平人。生年不详，卒于公元 217 年（汉献帝建安二十二年）。"建安七子"之一，以五言诗著名。曹丕称赞他的五言诗"妙绝时人"，钟嵘《诗品》列他的诗为上品。　[3] 亭亭：耸立。[4] 瑟瑟：风声。　[5] 一何：何其，多么。　[6] 罹：遭遇。　[7] 凝寒：严寒。

【品析】《赠从弟》共三首，这是其中的第二首。诗歌通过表现青松的不畏严寒、傲然挺立，勉励他的堂弟要有松柏一样的坚贞品质，不要因环境的压迫而改变节操。这首诗运用象征的艺术手法，塑造了一个正直的、有时代特色的知识分子的形象，也是作者自己的写照。追求独立人格和不屈操守，这不仅体现了建安时代"人的自觉"的个体意识，也体现了"建安风骨"的审美风貌。

这首诗主要是通过劲风、冰霜等恶劣的环境来衬托松柏的刚强本性，在与环境的对抗中来展现松柏的性格。从中我们不难体味出人格修养、品行砥砺的至理：艰难困苦之境不仅可以磨炼人的性情意志，还是显示人格魅力的最佳时机，大凡危难之际、非常之时，君子人格更能绽放出光彩夺目的气节之美。

孔雀东南飞（节选）

汉乐府

两家求合葬，合葬华山傍。东西植松柏，左右种梧桐。枝枝相覆盖，叶叶相交通[1]。中有双飞鸟，自名为鸳鸯。仰头相向[2]鸣，夜夜达五更。

【注释】[1] 交通：交相通达。　[2] 相向：面对面。

【品析】连理木异根而枝干连生，是一种不太常见的自然现象。注重"天人合一"、善于联想的中国文人赋予了这种自然现象以丰富的文化和文学内涵。在民俗观念中，连理松柏被视为"仁木"，是祥瑞之兆；在文学中，文人往往由木及人，以连理树比喻夫妻恩爱。《孔雀东南飞》结尾，焦仲卿和刘兰芝家间松柏、梧桐枝叶相交，树上鸳鸯相向悲鸣，显示了被兰芝夫妇至诚至坚之情所感化。

连理树树枝相交、树叶覆盖，在文学作品中常用来象征夫妻相爱、至死不渝。如东晋干宝《搜神记·韩凭妻》故事结局出现的"相思树"："宿昔之间，便有

[宋]佚名《霜柏山鸟图》（故宫博物院藏）

大梓木生于二冢之端，旬日而大盈抱。屈体相就，根交于下，枝错于上。又有鸳鸯，雌雄各一，恒栖树上，晨夕不去，交颈悲鸣，音声感人。宋人哀之，遂号其木曰'相思树'；相思之名，起于此也。南人谓此禽即韩凭夫妇之精魂。"这"相思树"便是两棵枝干交生的连理木。在悲剧结局的故事中，他们没有被帝王的淫威所征服，而是以超自然的力量重新结合在一起，表现出至死不渝、忠贞不屈的抗争精神。这个故事的结局与汉乐府《孔雀东南飞》末尾很相似，也和后世戏曲《梁山伯与祝英台》末场彩蝶追随双飞情景相仿，都是不向黑暗势力屈服的象征，有着浓烈的浪漫色彩。

陶圃松菊

湯叔山祺，興致好為杜陶圃箇秋華
研朱仙英成摘草作媚春林三月花
園圃先生長名狀起東宅邦明帆一載
木以任过吴和像方之滩而卷子道修毛
少飯地此二日唱贫畫成批上沼脊之附
原此甲申年四月墨并左氏題

[清]吴历《陶圃松菊图》（美国大都会艺术博物馆藏）

和郭主簿[1]（节选）

[晋] 陶渊明[2]

芳菊开林曜[3]，青松冠岩列[4]。怀此贞秀姿，卓[5]为霜下杰。

【注释】 [1] 主簿：职官名。为汉代以来通用的官名，主管文书簿籍及印鉴。中央机关及地方郡、县官府皆设有此官。 [2] 陶渊明（365—427）：名潜，字渊明，又字元亮，自号"五柳先生"，世称靖节先生，浔阳柴桑人。东晋末至南朝宋初期的诗人、辞赋家，被钟嵘《诗品》称为"古今隐逸诗人之宗"，有《陶渊明集》。[3] 曜（yào）：耀眼。 [4] 冠岩列：在岩顶排列。 [5] 卓：高超，超绝。

【品析】 这几句诗写秋色而能独辟蹊径，一改肃杀萧瑟的悲秋传统，赞赏秋色的绚丽奇绝、清新秀雅，大有胜过春光的感觉。林中的菊花，正开得烂漫耀眼，香气四溢；山岩上的苍松，排列成行，在风霜中巍然挺立。凛冽的秋风使百花凋谢，然而菊花却傲霜怒放，独秀异彩;肃杀的秋风使万木摇落，只有青松岁寒弥茂，苍翠常在。诗人不禁赞叹松菊贞劲秀美的风姿，欣赏它们卓尔不群的品格，称赞它们为"霜下之杰"。继而怀想，千载以来多少幽人隐士正具有和松菊一样坚贞的节操。

松与菊不畏霜寒，因此诗人将松菊同列入"霜下杰"，既象征自身坚贞高洁的人格，又反映了松菊共同作为审美意象的文人雅好。陶渊明最爱菊，翻检陶诗，咏菊之句比比皆是，如"采菊东篱下""今生几丛菊""芳菊开林曜""秋菊有佳色""菊解制颓龄"等。陶公爱菊，爱其凌寒而开、简单自然的风致，菊于是成为后世追怀陶公的信物。《红楼梦》中林黛玉《咏菊》诗说："一从陶令评章后，千古高风说到今。"其实，陶渊明属意菊的同时，还爱松，咏松的诗句也不少见，如"青松在东园""因值孤生松""扶孤松而盘桓""翳青松之余阴"等。对陶公而言，爱松与爱菊是无分轩轾的。他还将松、菊并列以寄情言志，如《归去来辞》"三径就荒，松菊犹存"，如这首《和郭主簿》："芳菊开林曜，青松冠岩列。怀此贞秀姿，卓为霜下杰。"可以说，松之"贞"与菊之"逸"统一于陶渊明一身。陶公在做幽人隐士的同时，内心始终潜藏着一股壮志未酬又愤激不平的潜流。隐逸，正是兼济之志不得施展后，要"独善其身"的一种选择；但"兼济天下"毕竟是诗人的初衷，因而隐逸独善之时，仍时露不平之气。清代的龚自珍清楚地看到这一点，他在《杂诗》中写道："陶潜酷似卧龙豪，万古浔阳松菊高。"他认为陶渊明身上同时存在"豪"与"高"两面，主张用松菊互补的人格来认识和理解陶渊明。

"松菊主人"在陶渊明后成为隐者的代称，如《新唐书·韦表微传》："吾年五十……将为松菊主人，不愧陶渊明。"宋代胡继宗《书言故事·花木》中明确说："颂隐者云松菊主人。"还有以"松菊"来命名居室的，如辛弃疾作《水调歌头·赋松菊堂》："渊明最爱菊，三径也栽松。何人收拾，千载风味此山中。""松菊"又构成了不同流俗的绘画传统，清代的吴昌硕、虚谷、吴历，近代的陈师曾，当代的张大千等都有"松菊图"传于世。

高松赋（节选）
[南朝·齐] 谢朓

阅品物[1]于幽记，访丛育[2]于密经。巡汜林[3]之弥望[4]，识斯松之最灵。提于岩以群茂，临于水而宗生，岂榆柳之比性，指冥椿而等龄。若夫修干垂荫，乔柯飞颖，望肃肃而既间，即微微而方静。怀风阴而送声，当月露而留影。既芊眠[5]于广隰[6]，亦迢递[7]于孤岭。集九仙[8]之羽仪，栖五凤[9]之光景。固总木之为选，贯山川而自永。

【注释】 [1]品物：万物，众物。 [2]丛育：各种生物。 [3]汜（fàn）林：大树林。[4]弥望：满眼。 [5]芊眠：芊绵，草木繁密茂盛的样子。 [6]隰（xí）：低湿的地方。[7]迢递：遥远的样子。 [8]九仙：泛指众仙。 [9]五凤：凤、鹓雏、鸾、鹭鸶、鹄皆属凤而分赤、黄、青、紫、白五色。

【品析】 谢朓（464—499），字玄晖，南朝齐杰出的山水诗人，"竟陵八友"之一。谢朓曾与沈约等共创"永明体"。诗风清新秀丽，圆美流转，善于发端，时有佳句；又平仄协调，对偶工整，开启唐代律绝之先河。

南朝齐竟陵王萧子良带领君臣曾以"高松赋"为题进行创作竞赛，产生了谢朓《高松赋奉竟陵王教作》、王俭《和竟陵王子良高松赋》、沈约《高松赋》等一组作品。由于这组作品是奉旨创作，原作者与和者之间是君臣关系，他们在思想政治观念、文学主张、审美爱好等方面都很接近。我们阅读谢朓、王俭和沈约的《高松赋》时可以发现，这些作品都辞藻华丽、用意精巧、如出一辙，着意表现升平气象。这是以咏松为主题的同题唱和活动，参与者一方面逞才使气、争奇斗胜，另一方面也在同题共作的文学活动中相互切磋、相互学习，在咏物手段和技巧方面得到了锻炼与提高。在这种文学竞赛中，文人除了切磋学习外，还交流情感，建立友谊，"竟陵八友"文人集团就是在这种诗文唱和活动中逐渐形成并为时人所认可的。

谢朓的这篇赋作描写了松树立于岩崖、水畔、湿地、孤岭等处不同的姿态，展现出松树的悠闲与贞静、风声与月影，以多样化的环境衬托出松树的丰采。此赋风格清新流丽，语句顺畅圆转，声韵和谐优美，鲜明体现了谢朓作品的风格。

伤往诗·其二

[北朝·北周] 庾信

镜尘[1]言苦厚，虫丝[2]定几重。还是临窗月，今秋迥[3]照松。

【注释】 [1] 镜尘：镜子上落的灰尘。 [2] 虫丝：蛛丝。 [3] 迥：副词，表示程度深。

【品析】 庾信（513—581），字子山，南北朝时期文学家。在南朝时与徐陵一起成为宫体文学的代表作家，其文学风格被称为"徐庾体"。庾信流寓北方后，接受了北方文化的某些因素，沉痛的生活经历也丰富了创作的内容和格调，从而形成自己的独特面貌，成为南北朝文学的集大成者。杜甫给予庾信后期创作以极高的评价："庾信文章老更成，凌云健笔意纵横"，"庾信平生最萧瑟，暮年诗赋动江关"。

这首悼亡诗将松柏和坟墓、明月相搭配，构成凄清的画面，来烘托感伤的气氛。曾经见证夫妻情爱的临窗月，那时在诗人心头引起的一定是温润莹洁的美感。

如今还是那一轮明月，孤独地照耀在妻子那寂寥的坟地上、青松间，感觉冷清而萧瑟。今昔强烈的对比，令人顿生人生无常之感。宋代苏轼悼念亡妻的《江城子·乙卯正月二十日夜记梦》，化用了庾信"还是临窗月，今秋迥照松"，意境更为凄切优美："十年生死两茫茫。不思量，自难忘。千里孤坟，无处话凄凉。纵使相逢应不识，尘满面，鬓如霜。　夜来幽梦忽还乡。小轩窗，正梳妆。相顾无言,惟有泪千行。料得年年肠断处,明月夜,短松冈。"胡旭《悼亡诗史》说："'明月夜，短松冈'的情境白描，非身历其境者岂能骤得？必痛彻心肺者乃得想见。"王水照先生言及此词时说："含悲带泪，字字真情。"意即将满腔思念倾注于笔端，创造出缠绵悱恻浓挚悲凉的感人意境。

　　由于古人在坟边有种植松柏的习俗，这也影响到了诗歌意象的创造，在创作中，诗人写到坟墓，往往会写到松，使松的意象透出萧瑟冷清的意味，如《乐府诗集·十五从军征》"遥望是君家，松柏冢累累"的诗句写出了十五岁从军，到八十岁才退伍归来的老兵返乡后见到的悲惨情景。松柏是悼祭类文学作品中最常见的意象。诗人往往将主观情绪付诸松柏，见松色而可悲，闻松声而引恨。如北朝张正见《和杨侯送袁金紫葬》："秋气悲松色，凄风咽晚声。"唐代周朴《哭陈庚》："日斜休哭后，松韵不堪闻。"墓地松柏的主观色彩不仅源于作者的感情流露，有时还与墓主的性情、命运相关联。南朝梁沈约《伤王融》曰："元长秉奇调，弱冠慕前踪。眷言怀祖武，一篑望成峰。途艰行易跌，命舛志难逢。折风落迅羽，流恨满青松。"沈约与王融同为"永明体"的创立者，在文学上志同道合，沈约的这首伤悼之作赞扬了王融的才华，对其因卷入政治斗争而被杀的遭遇深表同情，想象其命运多舛、志不获逢，满腔幽恨必定流满墓上青松。

遥同蔡起居偃松篇 [1]

[唐] 张说

　　清都众木总荣芬,传道孤松最出群。名接天庭长景色,气连宫阙借氤氲 [2]。悬池的的停华露,偃盖重重拂瑞云。不借流膏助仙鼎,愿将桢干捧明君。莫比冥灵 [3] 楚南树,朽老江边代不闻。

瑞松图（王颖摄）

【注释】[1] 这首诗是初唐名相张说的一首咏松名作。张说（667—730），字道济，另一字说之，河南洛阳人，初唐政治家、文学家。 [2] 氛氲：吉祥之气。[3] 冥灵：神话传说中的树木。《庄子·逍遥游》："楚之南有冥灵者，以五百岁为春，五百岁为秋。"

【品析】这首诗咏物与咏怀并重，诗中通过咏松表现出一种积极进取的精神，对建功立业的渴望，具有蓬勃向上的精神和正直博大的情怀，俗气尽脱，高格自见。松柏经常成为唐代文人感物咏怀、托物自喻的媒介，是个性鲜明的文人雅士的象征，充满信心、激情，渴望材得所用，宁愿杀身成仁以实现理想，也不愿庸庸碌碌地安度一生。这首诗尽显唐人渴望世用的心态和对抱负实现的信心，鲜明地体现出咏松诗的时代特色。

　　唐代文人在对松柏的描写中经常表现出从生命本真出发的强烈自信和昂扬激情。这一点在咏松诗中表现得尤为突出，可能因为松的形象更容易唤起文人的信心与激情。又如张宣明《山行见孤松成咏》曰："孤松郁山椒，肃爽凌清霄。既挺千丈干，亦生百尺条。青青恒一色，落落非一朝。大厦今已构，惜哉无人招。寒霜十二月，枝叶独不凋。"诗中流露了希求用世的志向，所谓"千丈干""百尺条"，所谓"青青""落落"，既是对孤松形象的描绘，又暗示出自己的超群才干和不甘寂寞的雄心。李白《南轩松》也是托物言志之作，孤松就是诗人自己的形象，由"何当凌云霄，直上数千尺"中即可见出诗人的才高气盛。李商隐《高松》中"高松出众木，伴我向天涯"也有以物性观照自我的意味，展现出其个性中积极进取、自我肯定的一面。至于施肩吾《玩手植松》中"今日散材遮不得，看看气色欲凌云"之句，读来颇有李白"天生我材必有用""我辈岂是蓬蒿人"的豪情。

山居秋暝[1]（节选）

[唐] 王维

空山[2]新[3]雨后，天气晚来秋。明月松间照，清泉石上流。

【注释】 [1] 暝（míng）：日落，天黑。　[2] 空山：空旷的山谷。　[3] 新：不久以前，刚才。

【品析】 王维（701—761），字摩诘，号摩诘居士，河东蒲州（今山西运城）人，唐朝著名诗人、画家。王维参禅悟理，学庄信道，精通诗、书、画、音乐等，以诗名盛于开元、天宝间，尤长五言，多咏山水田园，与孟浩然合称"王孟"，有"诗佛"之称。苏轼评价其："味摩诘之诗，诗中有画；观摩诘之画，画中有诗。"

这几句诗描绘出一幅山间秋景图。空旷的群山沐浴了一场新雨，夜晚降临使人感到秋天的凉意。明月从松隙间洒下清光，泉水在山石上淙淙流淌。王维诗画兼长，擅长以画意入诗，以诗情入画，使山水诗与山水画互为渗透，融而为一。这几句诗寥寥几笔就勾画出月光投射下松林的明暗对比，清泉水流打破静谧的空山带来静中之动的微妙变化，月夜"空山"疏朗的轮廓与郁茂松林之间的疏密变化，甚至山体、松林、岩石在雨后清新润泽的神采，无不逼真传神。

王维精研佛理，他的诗作受禅宗思想的影响很深，其山水诗中往往包含深远的禅意。他用禅者平静从容的闲适心情，去观看体察自然万物，这使得他的诗具有其他诗人难以企及的静美、澄旷和寂悦。他特别善于描写大自然中的纷纭动向，如"明月松间照，清泉石上流"（《山居秋暝》），"泉声咽危石，日色冷青松"（《过香积寺》），都是那样的清净静谧，禅韵盎然。

[元] 赵孟𫖯《双松平远图》（局部）（美国大都会艺术博物馆藏）

于五松山^[1] 赠南陵常赞府^[2]（节选）

［唐］李白

为草当作兰，为木当作松。兰秋香风远，松寒不改容。松兰相因依^[3]，萧艾^[4] 徒丰茸^[5]。

【注释】[1] 五松山：山名。位于今安徽铜陵东南。据《舆地纪胜》记载：山旧有松，一本五枝，苍鳞老干，翠色参天。唐代大诗人李白在《与南陵常赞府游五松山》一诗中说："我来五松下，置酒穷跻攀。征古绝遗老，因名五松山。"[2] 赞府：县丞。　[3] 因依：相亲相依。　[4] 萧艾：艾蒿，臭草。常用来比喻品质不好的人。　[5] 丰茸：繁密茂盛。

【品析】李白（701—762），字太白，号青莲居士，又号"谪仙人"，唐代伟大的浪漫主义诗人，被后人誉为"诗仙"，与杜甫并称为"李杜"。

这首诗是李白游五松山时所作。诗人向常赞府倾诉：如果生来是一棵草，那就要做一棵兰草，让暗香随风远飘；如果生来是一棵树，那就要做一棵松树，傲霜凌雪，容颜不改。这两句诗以兰、松来比喻高尚的品格和坚强的意志。诗人赞美松、兰，鄙视萧艾，用以表明自己高洁的贞操，和愤世嫉俗、耻与小人为伍的傲岸态度。

松因高洁的品格受到历代文人的青睐。松生性耐寒、四时常青，先秦时期的哲人们就注意到松柏这一显著的物理特征，赋予其明确的人格内涵，用以象征君子。《庄子·让王》引孔子的话说："今丘抱仁义之道，以遭乱世之患，其何穷之为？故内省而不穷于道，临难而不失其德，天寒既至，霜雪既降，吾是以知松柏之茂也。"以"天寒"喻君子所遭乱世的祸患，以"霜雪"喻君子面临的危难，而以在此情境下的"松柏之茂"喻君子品德的高尚。《荀子·大略》直接把松柏比喻为君子："君子隘穷而不失，劳倦而不苟，临患难而不忘细席之言。岁不寒无以知松柏，事不难无以知君子无日不在是。"松树在晋代时就被称为"君子树"，如《晋宫阁记》中有"华林园中有君子树三株"的记载，晋代郭义恭《广志》中有"君子树似柽松，曹爽树之于庭"的记述。此后，"君子树"成为松树的代称，如唐代李峤的《松》一诗中就有"鹤栖君子树,风拂大夫枝"的名句。

松与兰因为具有相似的品格,经常被文人并提,如李白说:"松兰相因依,萧艾徒丰茸。"高洁的松兰与萧艾类的臭草构成对立的两方。元代谢应芳在《碧桃赠吕城坝官应孟恭》一诗中说:"猗猗谷中兰,郁郁涧底松。我爱之二物,幽寻庱亭东。"明代尹台《明山云望诗有序·其二》说:"青松生涧底,百尺凌寒苍。幽兰媚浚谷,在远闻芬芳。"松与兰,一有"君子树"之称,一有"花中君子"之谓,它们不仅共同出现在文人诗句中,也在绘画作品中相互因依、衬托,构成富有美感又耐人寻味的画面。

赠韦侍御黄裳·其一

[唐]李白

太华[1]生长松,亭亭凌霜雪。天与百尺高,岂为微飙[2]折。桃李卖阳艳[3],路人行且迷。春光扫地尽,碧叶成黄泥。愿君学长松,慎勿作桃李。受屈不改心,然后知君子。

【注释】 [1]太华:华山。 [2]微飙(biāo):微风。 [3]卖阳艳:在春天明媚的阳光下卖弄颜色。

【品析】 此诗以"桃李"与"长松"作比,寓意深刻。青松不畏霜雪严寒,具有旺盛的生命力,诗中用来比喻意志坚定、性格刚强的君子。桃李逢春而开,春归而谢,有短暂的美丽,无长久的生命,用来比喻随俗浮沉或昙花一现式的人物。诗人规劝韦黄裳,希望他成为"亭亭凌霜雪"的长松,不要做逢时得意、经不起风霜的桃李;在追求人生理想的过程中,即使遭受到挫折与打击,也要不改初衷,这才是气节高尚的君子。李白在《古风》(十二)中也以松柏和桃李来构成对比,"松柏本孤直,难为桃李颜",用生来孤直、不以艳丽的色彩取悦于人的松柏,来比喻自己性直耿介,不愿取媚于俗。《颖阳别元丹丘之淮阳》中的"松柏虽寒苦,羞逐桃李春",也同样表达了人格坚守。

松柏和桃李,一是耐寒乔木,一为早春芳物,这种生物属性的差异,带来它们品格比拟的不同。文人赞美松柏的品格，往往用桃李来作反衬，如南朝梁何逊《暮秋答朱记室》"桃李尔繁华，松柏余本性"，最早将松柏与桃李作比，表示自己不愿随波逐流。范仲淹《岁寒堂三题·君子树》："岂无桃李姿，贱彼非正色。岂无兰菊芳，贵此有清德。"松树有着夭矫的身姿，却不屑与"桃李"争芳，在春夏荣滋之时青青独守，正色凛然，象征君子以道义自律，不随流俗的志行。宋代释文珦《青松篇》说："青松固真心，桃李乏坚操。君子与小人，自古不同调。"诗歌直接把青松和桃李比为君子与小人。范仲淹《四民诗·士》说："昔多松柏心，今皆桃李色。""松柏心"代表的是追求气节仁义的"古仁人之心"；"桃李色"与之对立，批评的是当时随时媚俗、没有节操的士风。桃李春天繁华满眼，秋季果实累累；而松柏的花果都貌不惊人，但是岁末寒冬，桃李零落，松柏却苍翠如故。明代冯梦龙的《警世通言·老门生三世报恩》中亦有"松柏何须羡桃李，请君点检岁寒枝"之语。

赠孟浩然（节选）

[唐] 李白

吾爱孟夫子[1]，风流[2]天下闻。红颜[3]弃轩冕[4]，白首卧松云[5]。

【注释】[1]孟夫子：指孟浩然。夫子，古时对男子的尊称，常用以称呼学者或老师。 [2]风流：才华出众，自成一派，不拘泥于礼教。 [3]红颜：少年。[4]轩冕：原指古时大夫以上官员的车乘和冕服，后引申为借指官位爵禄，泛指为官。 [5]松云：青松白云，指隐居之境。

【品析】 本诗大致写于开元二十七年（739），为李白过襄阳再会孟浩然时所作。诗中热情赞美了孟浩然隐居不仕的清高品格，塑造了高士逸的鲜明形象，表达了对他的崇敬之情。"红颜弃轩冕，白首卧松云"，是说孟浩然年轻时就鄙弃功名利禄，白发苍苍时依然心志如一，在青松白云间过着清净恬淡的隐居生活。"松云"，青松、白云的合称，指眷恋自然山水，有隐居山林、不问世事的含意，语出《南史·隐逸传上·宗测》："性同鳞羽，爱止山壑，眷恋松云，轻迷人路。""鳞羽"代称鱼和鸟。这里指宗测同鱼鸟一样天性爱好自由，喜欢山林隐居的生活，不习惯尘世的纷扰。

古柏行

[唐] 杜甫

孔明庙[1]前有老柏，柯[2]如青铜根如石。霜皮溜雨[3]四十围，黛色[4]参天二千尺。君臣已与时际会[5]，树木犹为人爱惜。云来气接巫峡长，月出寒通雪山白。忆昨路绕锦亭[6]东，先主[7]武侯[8]同閟宫[9]。崔嵬[10]枝干郊原古，窈窕[11]丹青户牖[12]空。落落[13]盘踞虽得地，冥冥孤高多烈风。扶持自是神明力，正直原因造化功。大厦如倾要梁栋，万牛回首丘山重。不露文章[14]世已惊，未辞剪伐谁能送？苦心岂免容蝼蚁，香叶终经宿鸾凤。志士幽人莫怨嗟，古来材大难为用。

[宋] 佚名《古柏归禽图》(美国克利夫兰艺术博物馆藏)

【注释】[1]孔明庙：在夔州，今四川奉节。　[2]柯：树枝。　[3]霜皮溜雨：指古柏树皮经霜经雨而变得苍老。　[4]黛色：青黑色。　[5]际会：际遇，遇合。[6]锦亭：成都有锦江，杜甫曾在其上建亭，即名为锦亭。　[7]先主：指刘备。蜀之开国君主。　[8]武侯：诸葛亮曾封武乡侯。　[9]闷（bì）宫：神庙。[10]崔嵬（wéi）：高大，高耸。　[11]窈窕：幽深，深邃。　[12]户牖（yǒu）：门窗。[13]落落：独立出群的样子。　[14]文章：斑斓美丽的花纹。

【品析】杜甫（712—770），字子美，自号少陵野老，原籍湖北襄阳，后徙河南巩义市，唐代伟大的现实主义诗人。杜甫在中国古典诗歌中的影响非常深远，被后人称为"诗圣"，他的诗被称为"诗史"。杜甫早年便有"致君尧舜上，再使风俗淳"的宏伟抱负，然而一生郁郁不得志，先是困居长安十年，后逢安史之乱，到处漂泊。肃宗朝时，官左拾遗，因直言极谏，改华州司功参军。不久，弃官入蜀，曾一度在夔州居住。此诗即是杜甫在夔州时对武侯庙前古柏的咏叹之作。

此诗采用比兴手法，感物咏怀，一贯到底。表面上看句句写柏，实则句句喻人，言在柏，而意在人。前八联明写古柏，暗喻诸葛亮，又隐含着诗人自己的胸怀。古柏坚强高大，气势雄浑，厚重古朴，既象征着武侯的品格，也体现出诗人对自身才华的自负。"君臣已与时际会，树木犹为人爱惜""忆昔路绕锦亭东，先主武侯同闷宫"几句，杜甫以为，诸葛亮之所以能够建立不朽功业，充分施展自己的才能，是因为君臣之间相济、相知。这是潜在地抒发自己才华学问不能发挥所用，不被当朝重用，难以报效国家的感叹。后四联则在此基础上直抒胸臆，明写古柏，实写自己，抒发了诗人材大难用的愤慨。诗中以"大厦如倾"暗喻国家危在旦夕，正是需要栋梁之际。然而古柏重如丘山，万牛都不能拉动，暗指国家危亡之际，人才却得不到任用，这与诸葛亮和刘备的风云际会正构成鲜明的对比。古柏不以花叶炫美，其材已使世人惊异；虽愿不辞剪伐，用于建造庙堂，但没人能把它送去。而自己的怀才不遇正如这古柏一样，结语不由得发出了"古来材大难为用"的浩叹。

佳　人（节选）

[唐]杜甫

摘花不插发，采柏动盈掬^[1]。天寒翠袖薄，日暮倚修竹。

【注释】 [1]掬：用两手捧。

【品析】 所选诗句以环境描写，烘托出佳人的清高和遗世独立。诗句暗示读者，这位独居幽谷的佳人就像那岁寒后凋的翠柏、挺拔有节的绿竹，有着高洁的情操。诗中对佳人容貌未做任何描绘，仅凭山中柏树和修竹这对清新雅致而富于兴寄的意象，便传神地刻画出佳人的高致幽姿，可谓"不着一字，尽得风流"。杜甫的诗歌中很少专咏美人，这首《佳人》却以其手法之妙、格调之高，成为咏美人的名篇。

进画松竹图表^[1]（节选）

[唐]于邵

故臣常于礼，叹松柏有心之姿^[2]，询于诗，仰松柏恒茂之兴^[3]。则如佳其不朽，岂著前闻？载微纤微，爰有丛竹，节虽谢^[4]于颖拔，操亦迫^[5]于岁寒。故臣辄绘长松，佐之修竹。

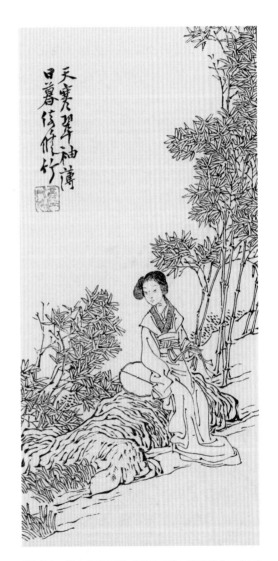

《佳人》，出自清代马涛《诗中画》，清光绪十一年刊钤印本

辨其位，则松可君于竹；抡[6] 其材，则卑可奉于尊。然松竹木中特最为有寿，众材槎[7] 卉而翠盖方成，暮霰[8] 飘零而繁枝益茂。辄所赋形像外，移色毫端。敢借坚贞之姿，愿增天地之寿。

【注释】 [1]唐代于邵在唐德宗生日那天，进献一幅《松竹图》，为皇帝祝寿，这段文字是附的表文。进《松竹图》以祝寿，是取松竹岁寒恒茂、长久不衰的吉祥寓意。 [2]有心之姿：典出《礼记·礼器》"礼释回，增美质。措则正，施则行。其在人也，如竹箭之有筠也，如松柏之有心也，二者居天下之大端矣，故贯四时而不改柯易叶"。 [3]恒茂之兴：典出《诗经·小雅·天保》"如月之恒，如日之升。如南山之寿，不骞不崩。如松柏之茂，无不尔或承"。 [4]谢：逊，不如。 [5]迫：接近。 [6]抡：挑选、选拔。 [7]槎（chá）：树木的枝桠。 [8]霰（xiàn）：空中降落的白色不透明的小冰粒，常呈球形或圆锥形。多在下雪前或下雪时出现。

[清] 恽寿平《松竹图》（故宫博物院藏）

【品析】 于邵在这篇表文中，对松、竹进行了对比。"节虽谢于颖拔，操亦迫于岁寒"，竹虽不如松挺拔出众，但耐寒操守上却与松接近，因此图中在长松之侧画上丛竹相伴。"辨其位，则松可君于竹；抡其材，则卑可奉于尊"，这句对松、竹进行比较，认为松处"主"位，竹为"辅"位。就地位而言，松为君，竹为臣；就材用而言，松为尊，竹为卑。松、竹是木中最长寿的，且不畏严寒，霰雪飘零之时依然枝繁叶茂。因此，图画借助松、竹的坚贞之姿祝福君王福寿绵长。

竹在形象和象征意义上与松柏有很多相似之处。从形象上看它们都有常青、挺立、有节的特点，从象征意义上来说都兼具志士与隐士双重人格，所以文人经常将竹与松柏比并相提。松竹合咏最早见于《诗经·小雅·斯干》，"如竹苞矣，如松茂矣"，既是赞扬贵族宫室，也是松竹并誉。《礼记·礼器》中，"其在人也，如竹箭之有筠也，如松柏之有心也，二者居天下之大端矣，故贯四时而不改柯易叶"，指出松竹四时不凋的共性，认为竹箭、松柏在所有的植物中最得气之本，所以能岁寒后凋，四时常青。南朝梁江淹"宁知霜雪后，独见松竹心"（《效阮公诗十五首·其一》），以更简洁的诗句概括出这一层含义。宋代喻良能的《题蓝田松竹图》中有"风姿凛凛千君子，冠剑堂堂两大臣"的比喻，也是着眼于松竹凌寒坚贞的共性。

松柏与竹，在审美和比德上也有明显的不同。从形态看，竹虽坚硬但纤细，可谓瘦而硬，松柏则粗壮而高大；竹心空而松柏心实；松柏和竹的枝干都给人强劲有力的质感，但相比之下，竹柔韧有余，而力度不同。从造景效果看，竹"不孤根以挺耸，必相依以林秀"，而松柏即使一株独秀，也可成为一道独特的风景。从材用上看，松柏可以为栋为梁，为宗庙大厦之脊骨，而竹则多被应用于更为小巧精细的制作。因此，松的地位往往被置于竹之上，如唐代李山甫的《松》云："平生相爱应相识，谁道修篁胜此君。"杜甫甚至说："新松恨不高千尺，恶竹应须斩万竿。"

松柏与竹审美形态的差异自然反映到人格象征上。松柏心实，象征君子坚贞有心；竹心空，象征君子虚心、无心。唐代白居易的《养竹记》云："竹心空，空以体道，君子见其心，则思应用虚受者。"松柏常孤株而生，秉具独立傲世的气质；竹每相依成林，以义气为先，如唐代刘岩夫的《植竹记》云："不孤根以挺耸，必相依以林秀，义也。"松柏有"君子材""栖日干"之称，被用以比拟可以担当国之大任的栋梁之材；竹材用广泛，常比喻一般的才士，如北朝裴让之《公馆宴酬南使徐陵诗》云："有才称竹箭，无用忝丝纶。"在咏竹作品中，与"有节"并立构成比德核心的是"虚心""无心",而在吟咏松柏的作品中,与"劲节"并提成为比德核心的恰是"有心",竹"虚心""无心",因此平添了一份谦和与洒脱,松柏"有心",更多是执着于人生的凝重和坚忍。

欹松漪

[唐] 顾况

湛湛[1]碧涟漪,老松欹[2]侧卧。悠扬绿萝影,下拂波纹破。

【注释】[1]湛湛:清澈。 [2]欹(qī):倾斜,企。

【品析】 顾况,字逋翁,号华阳真逸(一说华阳真隐),晚年自号悲翁,海盐(今浙江海宁)人,唐代诗人、画家,有《华阳集》行世。

欹松漪(王颖摄)

这首诗描绘了碧波斜松的美景。水面上碧波湛湛,老松树斜倚在岸边。风吹过来,依附在松树上的绿萝随风摇曳,划破水中的涟漪。松与水首先是一种自然生态联系,松依水而生、水映松树影是常见之景。松与水之间还有更深一层的感觉氛围上的关联,松无论是单株独立,或是在山间茂林,都易生"清"的感觉;松树耐寒,夏茂冬盛,也给人清凉之感。泉水清澈凉爽,秋冬季节更有寒意,因此松与泉的组合,容易构成幽深的意境。

罪[1]松

[唐]孟郊[2]

虽为青松姿，霜风何所宜[3]。二月天下树，绿于青松枝。勿谓[4]贤者喻[5]，勿谓愚者规[6]。伊吕[7]代封爵，夷齐[8]终身饥。彼曲既在斯[9]，我正实在兹。泾流合渭流[10]，清浊各自持[11]。天令设四时，荣衰有常期[12]。荣合随时荣，衰合随时衰。天令既不从，甚不敬天时。松乃不臣[13]木，青青独何为。

【注释】 [1]罪：责备。 [2]孟郊（751—814）：字东野，唐代诗人。孟郊一生穷愁潦倒，四十六岁始中进士，五十岁才做了个小小的县尉，仕途极不遂意。因其诗作多写世态炎凉、民间苦难，与贾岛齐名，被称为"郊寒岛瘦"。 [3]何所宜：谓青松耐寒的本性，正与风霜适宜。 [4]勿谓：不要说，不用谈论。[5]喻：比喻。古以岁寒不凋的松树比喻坚贞的节操。 [6]规：作动词用，以为典范，效法。 [7]伊吕：指商代伊尹、西周吕尚。伊尹佐商汤灭夏桀，被尊为阿衡（相当于后世的宰相）。吕尚遇周文王于渭滨，被尊为师，后佐武王灭商。 [8]夷齐：指商末的伯夷、叔齐。周武王伐纣，二人以为不孝不仁，曾叩马而谏。后耻食周粟，隐于首阳山，采薇而食，终于饿死。 [9]彼曲既在斯：伊尹、吕尚曲事人主，故世世富贵。彼，指伊吕。 [10]泾流合渭流：泾水和渭水合流。泾，清水也。渭，浊水也。 [11]各自持：各自保持自己的本色。 [12]常期：固定的时间。[13]不臣：谓违背天令，不肯向天称臣。

【品析】 此诗立意新奇，议论曲折。这首诗题为"罪松"，理由是松树离群违时，独自青青是错误的。一般认为，高洁之士的处事原则是不愿同流合污，所谓"举世皆浊我独清"。孟郊则持不同的观点，在他看来贤者与邪者不妨合流，但要做到泾渭分明，保持自己的本色；贤者无须超群脱俗，只需荣衰随时，一切听任自然。孟郊生活在唐代贞元、元和年间，这一时期文士热衷于探讨处世之道，而"从众"与"从道"便是他们讨论的重要主题之一。这首诗可能是孟郊思考这一人生问题的反映。

这首诗名为"罪松"，实际上仍是"颂松"，只是从反面来加以赞颂。这种明贬暗褒的手法，在文学作品中是屡见不鲜的。这首诗末一句"青青独何为"的反问，可用刘桢《赠从弟·其二》的末一句来回答："松柏有本性。"《罪松》一诗中我行我素、独立不羁的松树正是诗人自我形象的生动写照，"天令既不从，甚不敬天时。松乃不臣木，青青独何为"的指责很明显是正话反说，曲折抒发自己坚守正道却不为社会所容的愤懑之情。

衰 松

[唐]孟郊

近世交道[1]衰[2]，青松落[3]颜色。人心忌孤直[4]，木性[5]随改易。既[6]摧[7]栖日干[8]，未展擎天[9]力。终是君子材，还思君子识[10]。

【注释】[1]交道：与人交往的道德准则。 [2]衰：衰败，庸俗。 [3]落：褪去。 [4]孤直：孤高耿直。 [5]木性：指松树的本性。 [6]既：已经。[7]摧：毁坏。 [8]栖日干：指高大的树干。在古代神话传说中，东方有神木叫"扶桑"，是十日的居所。 [9]擎天：托住天。比喻强壮高大而有力。[10]终是君子材，还思君子识：既然是君子一样的人才，还需要君子之人来识别。说明只有贤才才能发现和赏识贤才。终，既。

【品析】 孟郊在《伤时》《择友》诗中对"近世交道衰"有具体的描绘，认为"古人结交而重义，今人结交而重利"（《伤时》），"古人形似兽，皆有大圣德。今人表似人，兽心安可测"（《择友》）。在这样的世风影响下，意志不坚定的人就会随波逐流，忘记自己的初心，改变自己的品行。《衰松》便写了一棵为了迎合世俗而改变自己的本性，从而颜色褪去，材干被毁的松树。作者在感慨痛惜的同时，还是希望世人能认识松树原有的"君子材"。

这首诗表面写松，实则论人，是对改变志节以迎合世俗之人的惋惜与喟叹，是对当时社会"忌孤直"的人心和日益衰败的"交道"的揭露与控诉。我们不妨换个角度，冷静思考一下：如果那棵松树的"木性"不随人心改易，那么，它的"栖日干"或许就不会被摧毁，"擎天力"或许仍有发挥的机会。所以，为人处世应该有自己的操守和志节，不应随世道而改易，更不用去理会世俗的非议与攻击。可见，此诗并非单纯揭露世道人心，而是表达了对当时社会人性的反思与希望。

和松树（节选）

[唐] 白居易

亭亭山上松，一一生朝阳。森耸上参天，柯条百尺长。漠漠尘中槐，两两夹康庄[1]。婆娑低覆地，枝干亦寻常。八月白露降，槐叶次第黄。岁暮满山雪，松色郁青苍。彼如君子心，秉操贯冰霜。此如小人面，变态随炎凉。

【注释】 [1]康庄：平坦宽广，四通八达的道路。

【品析】 所选内容从人际关系的角度切入，将松柏和槐树进行对比，描写君子和小人的处世之道。在这首诗中，诗人以松柏四时常青比附君子不随时变、始终如一的交际之道；以槐树经不起严寒考验比喻小人交友唯以势力为转移，两相对比，更见松柏的可贵。松柏历经霜雪仍挺直伟岸，异于时尚却从容自若，这种不畏严寒、不慕繁华、独立不倚、顽强不屈的品性，正是君子人格的体现。

寄题盩厔[1]厅前双松

[唐] 白居易

忆昨为吏日，折腰多苦辛。归家不自适，无计慰心神。手栽两树松，聊以当嘉宾。乘春日一溉，生意渐欣欣。清韵度秋在，绿茸随日新。始怜涧底色，不忆城中春。有时昼掩关，双影对一身。尽日不寂寞，意中如三人。忽奉宣室诏，征为文苑臣。闲来一惆怅，恰似别交亲。早知烟翠前，攀玩不逡巡[2]。悔从白云里，移尔落嚣尘[3]。

【注释】 [1]盩厔（zhōuzhì）：县名，在陕西省，今作周至。 [2]逡（qūn）巡：因为有所顾虑而徘徊不前。 [3]嚣尘：比喻纷扰的人生。

【品析】 白居易任盩厔尉时，于县厅前手植双松，对其充满深情。双松成为诗人烦劳疲累、寂寞忧惧生活中抚慰心神的伙伴，一旦远离，有如分别亲朋一般难舍。白居易作品中的松树往往是朝夕相对、亲密接触的嘉宾、友朋。如《栽松二首》云："爱君抱晚节，怜君含直文。欲得朝朝见，阶前故种君。"《庭松》云："即此是益友，岂必交贤才。"接近实体的观察和描写，以一己之心去体会对象，不仅表现方式得以改进，个人情感的移入，还使得笔下之松独具性灵，与人之间有了情感的回应。这代表了中唐时期文人与植物关系的一种新趋向。

市川桃子在《中唐诗在唐诗之流中的位置——由樱桃描写的方式来分析》写道："到中唐时期，种植、鉴赏植物的风气已比较普遍，于是就反映在文学里。……爱花而至于自己种植，自然会观察得更加细致，描写得更加具体，而且感情会随之移入到作为描写对象的植物中去。"白居易笔下的松与人之间性情相近、心意相通，因而惺惺相惜、神交意契。这种"人化"的描写不仅是对松的表现方式的演进，文人与松之间精神上的沟通与契合为两者异质同构的相互感应关系的形成奠定了基础，有利于松人格美的进一步拓展。正如俞香顺先生在《白居易花木审美的贡献与意义》一文中概括的："中唐时期，审美主体与自然花木双向对流、忘形尔汝的关系真正形成；白居易的花木审美具有典型性。宋朝，随着道德伦理意识的高涨，花木'比德'内涵进一步明确，花木品格进一步提升，'岁寒三友''花中十友'等朋侪关系不一而足。这都是中唐花卉审美方式的逻辑延续与深化。"

小　松 [1]

[唐]杜荀鹤

自小刺头深草里，而今渐觉出蓬蒿 [2]。时人不识凌云木 [3]，直待凌云始道 [4] 高。

【注释】[1]这首诗是晚唐诗人杜荀鹤的作品。杜荀鹤（846—904），字彦之，号九华山人，唐代诗人。他出身寒微，曾数次进京应考，不第还山，后于晚唐大顺年间得中进士。　[2]蓬蒿：蓬、蒿，皆为野草名。　[3]凌云木：指高大的松树。[4]始道：才说。始，才。

【品析】《小松》是一首托物寓意诗。诗歌以松喻人，借物讽时，意味深远。诗由松树从小到大的成长变化以及周围人对松树态度的改变，委婉地批评了那些目光短浅、不能慧眼识人的人，也赞扬了小松苗顽强不屈、坚持到底的奋斗精神。诗中描写了小松苗恶劣的成长环境以及周围人对小松的忽视，比喻有些人才在早期尚未显露才能时常常不被人重视和欣赏。诗歌深刻地指出，等到松树长大成材后才给予关注赞赏，并不说明有识别人才的本领，只有能够早期就认出小松苗并加以细心培养，才是真正有眼力。松自古以来就是栋梁之材，是人才的象征，被置于众木之首，称作"君子树"。可当松树幼小时，却埋没于荆棘野草中，这虽对小松的成长有"磨炼"的作用，但尽早识别小松之材并加以培养，有利于小松更好地成长，也能显示识材者之高明。对松来说如此，于人也同理。在这首诗中，杜荀鹤以松自喻，把个人的身世之感融入其中。"刺头深草"的生长环境，无人关注、赏识的成长过程，都让人不由得联想到诗人出身寒微、屡试不第的经历；而小松不屈不挠，最终突破环境，成为"凌云木"的结局，又与诗人晚中进士，终成大器如出一辙。

唐代写小松、新松的诗句还有不少，如杜甫《将赴成都草堂途中有作先寄严郑公五首·其四》："新松恨不高千尺，恶竹应须斩万竿。"卢士衡《再游紫阳洞重题小松》："只是十年五年间，堪作大厦之宏材。"这些诗歌都把新生的小松比作人才，并寄予厚望。

松[1]

[唐] 李山甫

地耸苍龙[2]势抱云，天教青共众材分。孤标[3]百尺雪中见，长啸一声风里闻。桃李傍他真是佞[4]，藤萝攀尔亦非群。平生相爱应相识，谁道修篁胜此君[5]。

【注释】[1] 李山甫：唐代诗人，咸通中累举不第，依魏博幕府为从事，文笔雄健，名著一方。 [2] 苍龙：指古松。古松树干蜿蜒盘曲如龙身，松针飘逸飞舞如须髯，树皮皲裂如龙鳞，故称之为"苍龙"。　　[3] 孤标：高枝。　　[4] 佞（nìng）：善辩，巧言诌媚。　　[5] 此君：此处指松。

【品析】　这首诗写出了松树在风雪中的超拔形象。"孤标百尺雪中见，长啸一声风里闻"，充分展示出青松凌霜傲雪的品性。为了表现松的超凡脱俗，诗人先用桃李、藤萝来衬托，再用翠竹（"修篁"）来比较。面对青松，桃李自愧弗如转而生妒，藤萝自不量力盲目攀附。有意味的是，结句诗人又与竹相比来突出松。松竹历来比并连誉，而作者却扬松抑竹，表达了自己对松的偏爱，说松比竹犹胜一筹。诗中桃李、藤萝的衬托，与竹的比较，都是为了突出松超群出众的品格神韵。

和古寺偃松[1]

[宋] 蔡襄[2]

古寺无人野藓滋，空庭永日雪风吹。横柯圆若张青盖，老干孤如植紫芝[3]。万乘[4]未轻蟠木[5]器，千年终与大椿期。须知才短为天幸，江上婆娑[6]得所宜。

【注释】　[1] 偃松：植物名。松科松属，常绿小乔木。枝干偃伏，针叶，五针一束，细齿不明。雄花黄色，雌花紫色。球果紫褐色，卵形。　　[2] 蔡襄（1012—1067）：字君谟，谥号"忠惠"，北宋名臣，书法家、文学家。其诗文清妙，有《蔡忠惠公全集》传世。其书法浑厚端庄，自成一体，为"宋四家"之一。　　[3] 紫芝：真菌的一种，也称木芝，似灵芝，菌盖半圆形，上面赤褐色，有光泽及云纹；下面淡黄色，有细孔。菌柄长，有光泽，生于山地枯树根上。可入药，性温味甘，能益精气，坚筋骨，古人以为瑞草，道教以为仙草。　　[4] 万乘：周代制度规定，天子地方千里，兵车万乘，后世因称天子为"万乘"。　　[5] 蟠木：指盘曲而难以为器的树木。　　[6] 婆娑：茂盛的样子；舒展。

【品析】　松柏高大挺拔，材质坚韧，可为梁为柱，素有"君子材""栖日干"之称。宋人在松柏栋梁之材的惯常比喻外，又演绎出安分随时、不求材用的新理念。如蔡襄的这首《和古寺偃松》，以"须知才短为天幸，江上婆娑得所宜"表达了安于现状、不求材用的观念。宋人中持这种观念的颇多，又如杨时的《岩松》云："臃肿不须逢匠伯，散材终得尽天年。"王曾的《矮松赋有序》中描写的矮松因臃肿支离不为世用而免于斤斧，文中叹曰："向若负构厦之材，竦凌云之干，将为梁栋戕伐无余，又安得保其天年，全其生理哉？"这种理念颇合辛弃疾《鹧鸪天·博山寺作》中"材不材间过此生"的旨趣，体现了道家修身养性、清静无为、全真保素的哲学思想对松柏比德观念的渗透。这与《老子》的哲学思想是不谋而合的，《老子》第七十六章曰："万物草木之生也柔脆，其死也枯槁。故坚强者死之徒，柔弱者生之徒。是以兵强则不胜，木强则共，强大处下，柔弱处上。"老子认为低调柔弱才是生存之道。自然界中高大强壮的树木必先遭砍伐，那些矮小弯曲的树木反而因为无用得以生存下来。

醉卧松下短歌

[宋]陆游

披鹿裘，枕白石，醉卧松阴当月夕。寒藤天矫学草书，天风萧森入诗律。忽然梦上百尺颠，绿毛邂逅巢云仙。相携大笑咸阳市，俯仰尘世三千年。

【品析】 陆游卜居山阴镜湖三山时，在离新宅不远的东岭上，亲手种下了一大片新松。诗人在经历万里宦游，饱尝人间毁誉后又回到故乡，醉倒在当年手植的松树下，并写下《醉卧松下短歌》。松下卧眠不仅凉爽宜人，观松枝腾跃之势可体味草书之道，听松风萧瑟之音可谱入歌诗音律，而且还能梦游仙境，展现超逸之胸襟、高雅之情趣，无怪乎文人们乐此不疲了。文人庭院植松、松下家居的生活，构成文人的文化生态，使得平淡的日常生活变得雅致与从容，有助于文人实现由实用人生向审美人生的跨越。松与中国古代文人生活关系密切，松为文人的日常生活、人文追求、交往唱酬等增添了风雅情趣，在文人生活中营造出一种优雅、高尚的文化氛围。文人以敏锐的审美感受把握住了这种生活美，并以抒情的手法来表现它，把生活细节艺术化，使其成为诗意融融的艺术境界。

北风吹

[明] 于谦

北风吹，吹我庭前柏树枝。树坚不怕风吹动，节操棱棱[1]还自持[2]。冰霜历尽心不移，况复[3]阳和[4]景渐宜。闲花野草尚葳蕤[5]，风吹柏树将何为？北风[6]吹，能几时。

【注释】 [1]棱棱:威严方正的样子。 [2]自持:自守,保持自己的节操。 [3]况复:何况，况且。 [4]阳和:温暖和畅的春气。 [5]葳蕤:形容枝叶繁密，草木茂盛的样子。 [6]北风:比喻恶势力。

【品析】 于谦是明代杰出的政治家和军事家，他的诗歌具有广阔的社会内容，以忧国忧民和表达自己坚贞操守为主，诗风刚劲质朴、切实感人。

咏物自励是中国文学的优秀传统。柏树岁寒常青，历来是高尚品格的象征。这首咏物诗，表面上是赞颂柏树在北风中威严方正、坚守节操，实际是赞颂坚定自持，不向恶势力低头的人的品格。作者借北风中不屈不挠的柏树自喻，展示自己威严方正的节操，柏树的形象与诗人融为一体。正如俞灏敏所说："史称于谦秉性故刚，面对瓦剌军长驱进犯、大兵压境的严峻形势，始终不主议和，'土木之变'后，在举朝一片恐慌中挺身而出，组织抗战，

古柏图（王颖摄）

成为支撑大明国厦的栋梁。这栋梁之材不正是'节操棱棱还自持'人间坚柏么！"柏树挺立风中，经久耐寒、终不凋谢的坚韧形象与品格，正是这位明朝名臣伟大人格的写照。

古 树

[清] 杜濬

闻道三株树，峥嵘[1]古至今。松知秦历短，柏感汉恩深。用尽风霜力，难移草木心[2]。孤撑休抱恨，苦楝[3]亦成阴。

【注释】 [1]峥嵘：超越寻常，不平凡。 [2]草木心：出自张九龄《感遇》："草木有本心，何求美人折？" [3]苦楝：木名。又名黄楝，果实叫金铃子，味苦，可入药。

【品析】 杜濬（1611—1687），字于皇，号茶村，湖北黄冈人，明末清初诗人。明亡后，不愿效力清廷，流寓金陵三十余年，著有诗集《变雅堂集》，其诗多寓兴亡之感。曾作《与孙豹人书》，劝友人不要在清廷做官，"毋作两截人"。"贰臣"钱谦益来访，他更是闭门不纳，拒不接见。

《古树》是杜濬为浙东抗清志士所谱的颂歌。这首五律借咏物以明志，歌颂松柏耐寒的节操，以示对抗清志士的敬仰。 诗前有小序："为四明邱氏作。李杲堂记云，家亦有古楝树，与邱松柏相望。"李调元在《雨村诗话》中曾对小序做补充说明："鄞人邱至山，居东皋里，家有古柏一株，两松夹之，轮囷袅空，盖南宋六百年物也。"由此可知首句的"三株树"为二松一柏。邱至山、李杲堂都是鄞县（今宁波市）人。两人为邻居，明时邱至山官潮州司马，李杲堂为兵部郎中；入清后，邱至山拒绝入仕，李杲堂因参加复明运动被捕，不久释出，遂隐居家中。此诗敬赠这两位爱国志士，表面写树，实则赞人，全篇比附手法，是咏物诗中的上乘之作。

诗中所咏的三株古树见证了历史的变迁，"松知秦历短，柏感汉恩深"，运用了互文的手法，原意是"松""柏"都知秦历短，都感汉恩深。"秦历短"，以秦二世而亡的事实说明残暴的统治都不会长久，暗喻清朝政府也不会长久；"汉恩深"，暗指明朝遗民不忘故国。这两句感情强烈，意蕴深刻。"用尽风霜力，难移草木心"，这句以松柏不畏霜雪的本性来比附坚贞的气节，就如同风霜改变不了草木的本心，遗民的节操也不会因为清廷的高压手段而改变。苦楝虽不像松柏那样耐寒，但它亦自有风骨，"孤撑"过后，也能长出浓密的树荫。这一句是对李杲堂的勉励，希望他不要为暂时的挫折而沮丧、气馁，应当坚持下去。

松柏是秉性坚贞的植物，每当宫廷政变、朝代易主的危乱时刻，人们往往以岁寒松柏来称誉忠臣烈士之风。特别是宋元、明清易代之际，面对河山巨变，人们常以坚贞不移的松柏为喻，自道怀抱或赞颂他人。如宋代艾性夫《吊老松》："大节不容秦点污，孤根能与宋存亡。"老松成为国家覆亡、民族患难之际苦苦支撑，决心与宋国共存亡的爱国志士的精神化身。明清易代之际，松柏岁寒愈青的品性成为激励爱国志士舍生取义的原动力。明代方文就屡以冒雪凌霜的松柏来譬喻忠国持节的操守，如"君乃岩山松，霜根自天置"（《赠赵止安先生》），"不是繁霜后，谁知松柏青"（《宿陈翼仲斋头》）。这些诗或酬赠朋友，或自抒怀抱，都是借松柏象征君子高尚的节操。

宿州村家有种柏作篱者戏嘲之 [1]

[清] 查慎行

数椽 [2] 曲木架茅茨 [3]，雨打风翻大半欹 [4]。多少荆榛宽束缚，屈将翠柏作藩篱 [6]！

【注释】[1] 本诗选自清代查慎行《敬业堂诗集》卷四十七。查（zhā）慎行（1650—1727），清代诗人，初名嗣琏，后改名慎行，字悔余，号他山，赐号烟波钓徒，晚年居于初白庵，所以又称查初白，是清代著名诗人、藏书家，为清初"国朝六家"之一。康熙四十五年（1706）冬查慎行第一次告假出京都葬亲，葬亲完毕，假满返京途中，路经宿州，看到村民有种柏树作篱墙，心有所感，作诗以记。
[2] 椽（chuán）：放在檩上架着屋顶的木条。　[3] 茅茨（cí）：用茅草盖的屋子。

[4] 欹（qī）：倾斜。　　[5] 荆榛（zhēn）：荆棘。　　[6] 藩篱：用柴、竹等编成用以屏蔽的围墙。

　　【品析】　查慎行生活在康熙朝，曾供职翰林院，参与编纂《佩文韵府》，主要工作是御前文学侍从。作为一个文学侍从，在常人眼中这是一份难得又光鲜的职业，而查慎行自我感觉并不好。因为身处帝王之家，安危莫测，言行处处需要小心谨慎，所以尽管身居清要之职，整日周旋于高层文化圈，给他带来的却不是荣耀，而是难以言说的屈辱。

　　查慎行曾经这样评价东汉隐士严光（字子陵）："逃名事偶同高尚，避辱心孤转深匿。"严子陵选择退隐，被世人看作淡泊名利的清高之士，而在查慎行看来，严光不愿出仕的根本原因是为了"避辱"，可惜大部分人都没有体会到这份孤心。因此，当他葬亲毕，假满返京途中，作此诗，借题发挥，牢骚语出："多少荆榛宽束缚，屈将翠柏作藩篱！"一大批荆棘杂木被放任去祸害世人，而有着栋梁之材的柏树却被捆绑束缚当作护院篱笆，正如严迪昌先生在《清诗史》中所说的："这岂止是大材小用，简直是高材滥用。"这首诗道出了查慎行对做御前文学侍从生活的独特感受。

二、绘画作品中的松柏

　　松柏是绘画的常见题材。魏晋六朝时，松柏只是山水画、人物画的组景部分，到唐代才有以松柏为主题的绘画作品问世，并出现了以画松柏而闻名的画家，如毕宏、韦偃、张璪等。毕宏擅画古松，唐代绘画理论家张彦远说："树木改步变古，自宏始。"《宣和画谱》评价他："落笔纵横，皆变易前法。"这些评论都指出了毕宏在绘画上的创新。杜甫《戏为双松图歌》说："天下几人画古松，毕宏已老韦偃少。绝笔长风起纤末，满堂动色嗟神妙。"这首诗赞美了韦偃《双松图》的"神妙"。韦偃画松的代表作品有《松石图》《松下高僧图》。张璪画松，在唐代更负盛名。元稹《画松》说："张璪画古松，往往得神骨。翠帚扫春风，枯龙戛寒月。"张璪画松注重笔法，唐朱景玄《唐朝名画录》说："张璪员外，衣冠文学，时之名流。画松石、山水，当代擅价。惟松树特出古今，能用笔法。尝以手握双管，一时齐下，一为生枝，一为枯枝。气傲烟霞，势凌风雨。槎枒之形，鳞皴之状，随意纵横，应手间出。生枝则润含春泽，枯枝则惨同秋色。"可见张璪作画时激情飞扬的情态。张璪"外师造化，中得心源"的理论更成为我国画论中的千古玉律。

[明] 王时敏《松风叠嶂图》（天津博物馆藏）

在注重人伦义理，张扬道德名教的宋代，松柏受到进一步的尊崇，成为绘画中最常见的题材之一。宋代绘画中松柏取材广泛，松石、双松、松瀑、松雪、松鹤等都有涉及。"岁寒三友"和"松风"是宋代新开拓的题材领域。赵孟坚有两幅传世画作《岁寒三友图》，分别藏于上海博物馆和台北故宫博物院，马远也有《岁寒三友图》，这是松柏的人格象征意义在绘画领域的展示。松风在宋代成为画家笔下的爱物，传世名作有李唐《万壑松风图》、马麟《静听松风图》、巨然《松吟万壑图》等。此后"松风"成为绘画的常见主题，元代王蒙《坐听松风图》，明代唐寅《山路松声图》、文伯仁《万壑松风图》、李士达《坐听松风图》，清代吴历《万壑松风图》、黄鼎《松风涧水图》等都是这一主题的名作。宋人画松柏，形式丰富多样，大到成林，小到单株，甚至只折取一枝；松柏造型崇尚夭矫盘旋，高大直耸不是这一时期画松柏的主流。宋代画松大家辈出，且各有特色。如米芾画松采用淡墨画法，清新润洁；赵伯骕画松喜用青绿金碧，色彩鲜丽；马远画松简洁劲挺，力透纸背；夏圭画松笔简意远，意韵清奇……像米芾的《春山瑞松图》、赵伯骕的《万松金阙图》、夏圭《松溪泛月图》、马远的《松寿图》等都是这一时期的名作。

元代松柏题材的绘画依旧盛行。元代画松注重写意，元末四家，即倪瓒、黄公望、王蒙、吴镇，画松多呈幽独高洁的情趣。如倪瓒画松用笔简练，干枝瘦细，针叶作雀爪状，加上大片的留白，着重表现松树超凡脱俗的风韵，《幽涧寒松图》就是体现其创作特色的典型代表作。曹知白的《疏松幽岫图轴》也具有画面疏朗的特点，松枝呈蟹爪状，枝叶稀少。此外，唐棣《松荫聚饮图》《长松高士图》，吴镇《双松图》《松泉图》，盛懋《松石图》也是这一时期松柏题材的名作。

明代画松柏，笔墨技法在继承前人的基础上，又有所改进。明代画界崇尚龙蛇状的松柏，而吴门画派却多保持松树真实自然的面貌，且以水墨居多，如唐寅的《山路松声图》、文徵明的《松壑高逸图》。吴伟画松浓墨重醐，喜以泼墨写松，如《松阴观瀑图》。陈淳画松柏，树叶一改传统的勾画法，采用点簇法，如《松石萱花图》。此外，项元汴《柏子图》轴、程嘉燧《孤松高士图》轴、姜廷翰《古柏图》扇页、沈周《松石图》、史文《松荫抚琴图》等是这一时期松柏题材的代表作品。

清人画松，追求挺直高逸的自然美，盘曲如龙蛇状的松柏不再是时尚主流。清代松柏画法虽然主要是继承传统笔法，但部分画家又能有所创造。石涛、沈铨主张写生，以黄山松为摹本，所画松柏真切自然，如石涛《细雨虬松图》、沈铨《柏鹿图》。华嵒画法，逼近真松，神韵、用色皆妙，如《松鹤图》。李方膺、赵之谦能将书法的神韵渗透入绘画中，讲究笔墨、韵致，如李方膺《墨笔古松图》、赵之谦《墨松图》。清代除了以松柏为主题的绘画作品，在花鸟画中也时见松柏的形象，如沈铨《松梅双鹤图》，郎世宁《松树羚羊图》《松鹤回春图》等。

松柏气韵[1]

[五代·后梁] 荆浩

夫木之生，为受其性。松之生也，枉而不曲[2]，遇如密如疏，匪青匪翠，从微自直[3]，萌心不低[4]。势既独高，枝低复偃，倒挂未坠于地下，分层似叠于林间，如君子之德风[5]也。有画如飞龙蟠虬，狂生枝叶者，非松之气韵也。柏之生也，动而多屈，繁而不华，捧节有章[6]，文转随日[7]，叶如结线，枝似衣麻。有画如蛇如素[8]，心虚逆转，亦非也。

【注释】 [1] 本篇节选自五代后梁时期荆浩的《笔法记》。题目为编者所加。[2] 枉而不曲：松树虽然弯曲盘桓，却不屈曲丧节。枉，弯曲。 [3] 从微自直：松树在很小的时候就已自然笔直地生长了。微，微小。 [4] 萌心不低：松树在萌芽状态时已具备高大的性质。心，本性。萌，萌芽。 [5] 君子之德风：这里是用以比喻松树具备君子的品德。《论语·颜渊》中有"君子之德风，小人之德草，草上之风必偃"的句子。 [6] 捧节有章：指树皮围绕枝干交接处有一条条纹理。节，枝干交接处。章，纹理。 [7] 文转随日：指纹理随日光照射角度不同而呈现不同的状貌。文，纹理。 [8] 素：洁白的绢。

【品析】 荆浩，生卒不详，字浩然，号洪谷子，沁水（今属山西）人，五代后梁著名画家，是北方山水画派之祖。荆浩在这段文字中论述了松柏的画法。他认为画物，必须懂得物象的特征，树木也各有不同的性情。松树形态虽然弯曲盘桓，却不屈曲丧节。枝叶有疏有密，相间得宜；松色苍苍，匪青匪翠。松树生来挺直高昂，枝桠却又低偃，倒挂垂不到地下，枝干在林间层层分选，就像君子的稳健敦厚的风范。有些人画松好像蛟龙蟠虬，枝叶狂生，这就不是松树的气韵了。这是指唐时有一派画松的趋向，如杜甫的题画诗《题李尊师松树障子歌》中就有"偃盖反走虬龙形"的句子。同样，柏树生来飞动盘曲，繁密不华，纹理疏密有致，随日光的向背自然顺转，叶如结线，枝似衣麻，这是柏的特性。然而有人把柏画得像蛇形、像绸带，也与柏的气质不符。

这段论述涉及了作者对"气韵"的认识。他认为像松柏这种有"气韵"的形象，

绘画时一方面要符合松柏的形象特征，另一方面要能体现物象整体的风韵气度，即所谓的"君子之风"，显示出传统儒家思想对他的影响。这段评述也揭示了在审美活动中景物的自然属性与画家道德观念和审美理想之间的联系。荆浩认为，画家在松柏的形象创造中自然渗透了自身的品格与情操，松柏"气韵"实际是作为审美对象的松柏和作为创作主体的作者两者主观世界的统一。荆浩是五代后梁最具影响的山水画家，其代表画作有《松壑会琴图》等。

枯木怪石图

[宋]苏轼

【品析】 意象归根结底是一种选择，画家之所以会在纷纭万物中单单选中某些意象作为创作对象，是因为这些意象符合当前的心境，能够反映特定时期创作主体心理和情感的主导倾向。画家的气质、性格不同，经历、遭际各异，对意象的喜好和选择便不尽相同，即便同一个人，在不同的成长阶段也会在意象的选用上有所变化。苏轼一生宦海沉浮，屡遭贬谪，经历了几次大的人生磨难，胸中难免

[宋] 苏轼《枯木怪石图》

郁积不平之气,除了借助诗文以抒写胸中之块垒外,他还在绘画作品中加以宣泄,其传世作品《枯木怪石图》中画盘曲枯松一株,枝干突兀,又有顽石一块,深具意趣。米芾《画史》论:"子瞻作枯木,枝干虬屈无端,石皴硬,亦怪怪奇奇无端,如其胸中盘郁也。"也正如苏轼诗中所说:"空肠得酒芒角出,肝肺槎牙生竹石。森然欲作不可回,吐向君家雪色壁。"枯木竹石题材绘画也正是他心灵的写照。

春山瑞松图

[宋] 米芾

【品析】 米芾(1051—1107),初名黻,后改芾,字元章,湖北襄阳人,北宋书法家、画家、书画理论家,与蔡襄、苏轼、黄庭坚合称"宋四家"。

《春山瑞松图》是米芾的代表作。米芾性情旷达疏放、不随流俗,山水画法也独树一帜。他以书法中的点入画,创造出"以点代皴"的画法,即用大小的圆形横点来塑造山石形体,以点代皴,创造出烟云变幻、生意盎然的江南山水,世称"米氏云山"或"米家山水"。米点山水是米芾所创,在意趣、氛围、笔墨形式以及表现手法等方面，为画作画法带来新的格调和气象。

《春山瑞松图》描绘的是云雾涌动的山林景色，通过云雾来衬托春山的静谧湿润和松树的挺拔矫健。远山以"米点皴法"画出，青绿晕染，山中白云缭绕，近处数株古松渐次立于雾气中，用淡墨来表现雾中树木。景物开阔而平静，显示出春日山林温润而有生趣的意境。画中松树的造型温雅秀丽，画松的笔法严密、细致。图画突破了以前画家运用线条表现树木、峰峦、云水的传统方法，根据多雨迷蒙、变化无常的江南景物特色，创造以横点为主，画烟

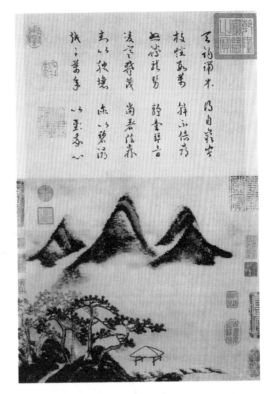

[宋]米芾《春山瑞松图》（台北故宫博物院藏）

云变幻的江南山水。画面上方有宋高宗题诗："天锡瑞木，得自嵚岑。枝蟠数万，干不倍寻。怒腾龙势，静奏琴音。凌寒郁茂，当暑阴森。封以腴壤，迩以碧浔。越千万年，以慰我心。"

万壑松风图

[宋]李唐

【品析】 李唐（1066—1150），字晞古，南宋画家。李唐精通山水、花鸟、人物画等，其中山水画最精，是南宋画院的盟主，与刘松年、马远、夏圭并称"南宋四家"，对后世的绘画影响很大。

[宋]李唐《万壑松风图》(台北故宫博物院藏)

李唐的《万壑松风图》与郭熙的《早春图》、范宽的《溪山行旅图》并称为宋画三大精品。在绘画史上，有的画家只凭一幅佳作，便可跻身大师的行列，《万壑松风图》正是这样的杰作。为表现"万壑松风"的内涵，画家不仅在画面中间醒目位置画出一片苍劲松林，其他位置也穿插了一些长松，与主体松林互为呼应。松树刻画得稳健苍劲，用中锋勾画树干，用短线描绘松鳞，松针细密，枝柯纵横，飞舞灵动，整个松林呈现出一派松风飒然的动感。李唐自创的"斧劈皴"的刚性手法，凸显了山峰的奇崛陡峭；加上山间蒸腾的云气，流淌的涧水，共同烘托出"风生云起"的意境。整幅画面给人以深沉迫眉之感，其中蕴涵着特定时代的情感积蓄。作为一个爱国主义画家，李唐以强烈的笔触抒写内心的忧愤抑郁，在万壑松风中蕴涵着无法掩饰的激烈感情，表现出他内心强烈的复国情怀。

松寿图

[宋] 马远

【品析】 马远（1140—1225），字遥父，号钦山，河中（今山西永济）人，为南宋光、宁二朝画院待诏，"南宋四家"之一。他擅山水画，喜用简练构图与斧劈皴，用笔刚健有力，笔锋显露，对后来者影响深远。他在章法上大胆剪裁，突破全景式而擅构边角之景，人称"马一角"。

[宋] 马远《松寿图》（辽宁省博物馆藏）

《松寿图》鲜明地体现了马远的绘画特色。图中只绘山崖一角，近山高耸而远山渐低，山石用斧劈皴，笔力遒劲，线条分明。近山处苍松斜伸，松树线条简洁、刚硬，树干节疤累累，松枝劲挺、瘦硬奇崛。树下一人坐石台上，仰首远望，一童子在旁侧持杖侍立。一丛疏竹临溪而生，远山寥寥几笔而成。右下角行书"马远"单款，画上有宋宁宗赵扩题诗："道成不怕丹梯峻，髓实常欺石榻寒。不恋世间名与贵，长生自得一元丹。"落款"赐王都提举为寿"。

岁寒三友图

[宋] 赵孟坚

　　【品析】　赵孟坚（1199—1264），字子固，号彝斋居士，宋代画家。赵孟坚学识渊博，能诗文，擅书画，尤工梅、竹、松、水仙、兰花等。他个性疏放，性喜饮酒，有六朝人的林下之风。

[宋] 赵孟坚《岁寒三友图》(台北故宫博物院藏)

中国画中的花草树木，多寓有人格象征内涵。松、竹、梅因为能耐严寒，傲立风雪，所以被称为"岁寒三友"。因为天然适合用以表现人高洁的品质和气节，松、竹、梅历来受到画家文人的青睐，很早就在文学艺术中成为人们惯用的题材。赵孟坚将三者放在一起，形成"岁寒三友"。图中松、竹、梅都取折枝，用细笔、浓墨圈勾花瓣，勾画出一株结满花朵、苞蕾的梅枝；环绕梅枝的是墨影般的竹叶与如星芒般的松针，以墨竹的黑和松针的灰来衬托梅花的洁白。松叶用笔尖挺劲拔，形如钢针；竹叶以中锋运笔，劲挺有力，形如刀剑，更衬托出梅花的冰心傲骨。松、竹、梅三者画法各不相同，整个画面清绝幽雅，充满韵致，是幅极具精神的南宋小品。南宋正是"岁寒三友"说在文学艺术界开始流行的时期，赵孟坚的这幅画传递给后世的，不仅是绘画的技法，更重要的是一种品格和意趣。

幽涧寒松图

[元] 倪瓒

【品析】 倪瓒（1301—1374），元代画家、诗人，字元镇，号云林子、幻霞子、荆蛮氏等。倪瓒工诗、书、画，与王蒙、黄公望、吴镇并列"元四家"。倪瓒一生不仕，他在《述怀诗》中说："白眼视俗物，清言屈时英。富贵乌足道，所思垂今名。"《幽涧寒松图》是为友人周逊学所作，画中自题："逊学亲友，秋暑辞亲，将事于役，因写幽涧寒松并题五言以赠。亦若招隐之意云耳。七月十八日，倪瓒。"

[元]倪瓒《幽涧寒松图》（故宫博物院藏）

这幅画笔墨不多，画面疏旷平远，但意境深幽。图中对松树的刻画与前人不同：树干不取苍劲而是瘦细，不取笔直或虬曲而是微微倾斜；松针不是勾画细密而是稀稀疏疏。配合依次远去的坡石，石上淙淙流淌的溪流，以及画幅上方的大片空白，使整幅画意境清远萧索，超然出尘。倪瓒的作品追求静观的境界，画面多为平远小景，被赞为"殊无市朝尘埃气"，从画面表现出的景色中，可以想见画家悠然自得的心境。董其昌评价他："独云林古淡天真，米痴后一人而已。"这幅《幽涧寒松图》正是体现倪瓒"古淡天真"创作特色的典型作品。

山路松声图

[明]唐寅

【品析】 唐寅（1470—1524），字伯虎，号桃花庵主，又号六如居士，江苏苏州人，明代著名画家。绘画上，唐寅与仇英、沈周、文徵明并称"吴门四家"。

《山路松声图》是一幅极具生气的作品，为唐寅山水画的代表作。此画笔法洒脱灵活，山体层次清晰，错落盘桓，展现出画家"胸中有丘壑"的自信风韵。瀑布从半山腰流下，随着山体坠落盘旋，直至汇入山下的河水中。穿插在远山近水间的是葱郁的松林，曲折的枝干上藤蔓环绕。山脚下一座小桥横跨河水，一人仰头站立桥上，好像在欣赏阵阵松涛，又似在倾听泉声，一抱琴少年尾随其后。在用笔上，以细劲的墨线勾勒松针，用笔转折顿挫，点染出松涛的意境；以疏松、随意的线皴表现山石的硬朗和棱角。整幅画皴笔较淡，勾笔较浓，以浓墨强调，以淡墨晕染，形成了色泽丰富、儒雅生动的墨韵。

唐寅是明代吴派的代表画家，在普遍推崇盘曲如龙的绘画时尚中，他保持自己的风格，追求松树真实自然的面貌。此图中松树枝叶的画法，都偏于写实。古松枝干虬曲，松针繁密，这是松树的"形"；通过风中松树的摇曳之状，来表达"松声"的意境，可谓绘声绘色。整个画面线条流畅自如，古松与山、石相映成趣，洋溢着飘逸洒脱的情致。画上题诗道："女几山前野路横，松声偏解合泉声。

女几山前野路横，松声偏合泉声静。静里闲倾耳，便觉冲然道气生。

治下庭奎画呈

尊父母大人先生

〔明〕唐寅《山路松声图》（台北故宫博物院藏）

试从静里闲倾耳，便觉冲然道气生。"诗画传达出他向往闲淡自然、与世无争的生活理想。

品茶图
[明]文徵明

【品析】 文徵明（1470—1559），长洲（今江苏苏州）人，明代画家、书法家、文学家。因官至翰林待诏，私谥贞献先生，故称"文待诏""文贞献"。

文徵明是明代吴门画派的另一位代表画家。文徵明画松，树形多直耸，着重表现松树高洁娴雅的神韵和内在的君子风骨。《品茶图》是文徵明所绘制的茶事画作，描绘了山水间、茅舍内主客相对品茶的情景，旁边一童子正守在茶炉边煮茶，屋前石桥上又有一人正按时赶来赴约。画上自题诗一首："碧山深处绝纤埃，面面轩窗对水开。谷雨乍过茶事好，鼎汤初沸有朋来。"画面上还有一段跋语："嘉靖辛卯，山中茶事方盛，陆子傅过访，遂汲泉，煮而品之，真一段佳话也。"陆子傅即陆师道，是文徵明的门生。通过这幅画作，我们不仅可以领会到画家陶醉于山水之间、品茗之乐的诗意人生，也可借此一瞥明代文人茶会的盛行情况。

[明]文徵明《品茶图》（台北故宫博物院藏）

细雨虬松图

[清] 石涛

【品析】 石涛（1641—约1718），清代书画家，本姓朱，名若极，是明朝靖江王朱守谦的后裔。朱若极出家为僧后释名原济，一作元济，字石涛，号清湘遗人、苦瓜和尚等。他擅画山水，强调师法自然，力主"搜尽奇峰打草稿"。他常年游历山川，对山水有真实的体验，因此能在学习前人画法的基础上从真实山水中寻找灵感。

《细雨虬松图》在用笔上取法宋代李公麟、明代倪瓒以及清代的梅清，又有鲜明的个人特色，雅致而又不乏凝重。画中的松树，或挺直高耸，或弯曲盘旋，造型各异，自然生动。松树和山石都是用墨笔勾勒，线条干净利索，笔致严谨，显然有书法的韵味在里面。这幅作品皴和点较少，设色清淡，赭石与花青的润色，使得画面秀雅又别致。图上角

[清] 石涛《细雨虬松图》（上海博物馆藏）

自题："山水杳深，咫尺阴荫，觉一往兴未易穷，写以赠君子。"可见这是石涛的一幅得意之作。

松鹤图

[清] 华嵒

【品析】 华嵒（1682—1756），字秋岳，号新罗山人、东园生、布衣生、离垢居士等，福建上杭人，清代画家。华嵒擅长花鸟，力追古法，又注重观察写生，遂自成一格，有"新罗体"之称。华嵒画风清新俊逸，对后世扬州派、海派花鸟产生很大影响。

《松鹤图》画上自题："层壁耸奇诡，云浪郁行盘，松根芝草茂，常令鹤护看。甲戌冬十月新罗山人写。"甲戌年为公元1754年，这是华嵒晚年作品。画中松枝倒挂，松针状如针刺，系用中锋画出。华嵒画的松，松针、松鳞、松果都惟妙惟肖，翔实逼真。图中瑞鹤，有的站立引颈啸天，有的蹲伏

[清]华嵒《松鹤图》（广州美术馆藏）

埋首入羽，神态各异，极为生动。鹤尾蓬松而富质感，系用浓墨扫出。整幅画寓艳丽于雅逸之中，生趣盎然，多姿多态。

柏鹿图

[清] 沈铨

【品析】 沈铨（1682—1760），字衡斋，号南蘋，浙江湖州人，清代画家。沈铨善画花鸟，用笔工致流畅，设色艳丽，形象生动。

《柏鹿图》是沈铨的代表作品。该图上端古柏苍翠，虬枝盘旋，树下一对梅花鹿在坡石上一立一卧，站立者动态生动，静卧者神态悠然，对鹿的描绘十分工整、细腻、传神。柏、鹿后有远崖石壁，悬泉隐约，构成一幅清丽雅致的画面。波浪的勾勒，山石的点染，笔致细腻而非完全写实，这使得画面既有真实感又不拘泥。

柏与鹿均是中国传统的吉祥物，柏树四季常青，寓意长寿，并且"柏"与"百"谐音，"鹿"与"禄"谐音，故画柏树与鹿，寄托着健康长寿、仕途顺利的美好寓意。从题款可知，这幅画是为友人祝寿而作的，选用柏鹿题材十分符合这一主题。

[清]沈铨《柏鹿图》（苏州博物馆藏）

松鹤回春图

[清] 郎世宁

【品析】 郎世宁（1688—1766），意大利米兰人，青年时期受过系统的绘画训练，康熙时以传教士身份来到中国，随即入宫进入如意馆，成为宫廷画家。他将西洋画法渗入中国画中，自成一家地创造了一种独有的画风，在一定程度上代表着中西方文化的会通。

《松鹤回春图》是一幅融合中西画法的作品。图中所绘苍松、仙鹤、灵芝，在中国传统文化中寓意着长寿和吉祥。在画法上，这幅作品体现出中国传统工笔画细致写实的一面，山石、树木还运用了中国绘画的皴擦手法。而图中素描手法和明暗效果的运用使物象具有立体感，以及追求鲜明色彩的表达，白、绿、粉、翠、绛诸多色彩形成的绚丽而浓重的风格，这些都来自西洋绘画的技法。总之，这幅画作既体现了西方油画如实反映现实的艺术特点，又有中国传统绘画的笔墨意趣，典型地体现了郎世宁花鸟画的风格。

[清] 郎世宁《松鹤回春图》（中国国家博物馆藏）

古柏灵芝图

[清] 赵之谦

【品析】 赵之谦（1829—1884），清代著名的书画家、篆刻家。在绘画上，他是"海上画派"的先驱人物，他以书、印入画，开创了"金石画风"，对近代写意花卉的发展产生了巨大的影响。

《古柏灵芝图》是赵之谦创作的纸本设色国画，是赵之谦以书入画的代表作。图中所绘柏树高大粗壮，树干上累累的疤痕，显示出久经岁月的痕迹。柏叶郁郁葱葱，交叠成荫，流露出盎然的生意。为表现出古柏顽强的生命力，画家以刚劲有力的书法技巧描绘枝干，加以焦墨勾勒皴擦。柏树下低矮的灵芝茁壮而富有生气，更衬托出古柏伟岸的身姿。树下灵芝、青草的点染，笔致灵活，情趣盎然，与古柏刚柔相济，使得画面具有多层次的视觉感受。

三、宗教文化中的松柏

松柏与道教关系密切。魏晋六朝时期，道教流传，带动起一股服食松柏以求长生的风气。道教以长生成仙为核心信仰，以服食松脂、松子、茯苓、柏叶等为长生成仙之途。正如明代李时珍在《本草纲目》中所分析的："柏性后凋而耐久，禀坚凝之质，乃多寿之木，所以可入服食。道家以之点汤常饮，元旦以之浸酒避邪，皆有取于此。"

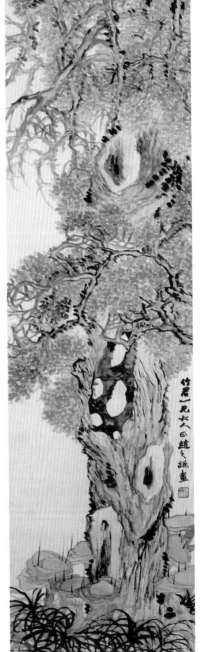

［清］赵之谦《古柏灵芝图》（故宫博物院藏）

松柏与佛教也有联系。在佛禅道场和阐发禅趣的诗歌中，松柏常被用以释禅。松柏四时常青，象征涅槃的永恒性；连理松柏蕴含"随俗婵娟"的禅理寓意；复生松柏被赋予"法身常住"的佛学寓意。松风也成为一个充满禅意的意象，老松化身禅师，松风说法声声，学禅之人可以从中参取玄义。

飞节芝[1]

[晋] 葛洪

松树枝三千岁者，其皮中有聚脂[2]，状如龙形，名曰飞节芝，大者重十斤，末[3]服[4]之，尽十斤，得五百岁也。

【注释】 [1] 本篇选自晋代葛洪《抱朴子·仙药》。题目为编者所加。飞节芝：千年老松皮下蓄积的松脂，形状如龙，可入药。 [2] 聚脂：蓄积的松脂。 [3] 末：研成粉末儿。 [4] 服：服食；吃。

【品析】 葛洪（283—363），自号抱朴子，东晋道教学者、著名炼丹家、医药学家。《抱朴子·仙药》是研究道教外丹天然药物的重要素材。文中将千年老松皮下蓄积的松脂称为"飞节芝"，认为服食后可以延年益寿、得道成仙。关于松脂的医药保健价值，我国现存最早的药物学著作《神农本草经》中已有表述："松脂味苦温。主痈疽恶疮，头疡，白秃，疥瘙风气。安五脏，除热。久服轻身不老，延年。"汉代刘向的《列仙传》和旧题汉代班固所作的《汉武帝内传》中，都有服食松脂松膏延寿成仙的描写。

道家认为，松柏是长寿之木，除服食松脂松膏外，常食松柏果实、树叶亦可以延年益寿。《列仙传》称"赤松子好食柏实，齿落更生"，"服柏子人长年"。柏叶可以用来烹汤、浸酒。汉代应劭《汉官仪》说："正旦饮柏叶酒上寿。"柏叶汤可以代茶，明代高濂《遵生八笺》说："饮茶多则伤人，耗精气，害脾胃；柏叶汤甚有益。"古代风俗，元旦饮柏叶浸的酒，用以祝寿和避邪驱秽。

汉晋时期流行的仙道传说中，松柏使人长寿成仙的故事很多。如汉代刘向《列仙传》："偓佺者，槐山采药父也，好食松实，形体生毛，长数寸，两目更方，能飞行，逐走马。以松子遗尧，尧不暇服。松者，简松也。时人受服者，皆至二三百岁焉。""犊子，邺人也。少在黑山采松子、茯苓，饵而服之。且数百年，时壮时老，时美时丑，乃知是仙人也。"随着科学的发展、思想的进步，仙话传说逐渐失去了表现的舞台，但松柏致人长寿的思想却被保留下来。唐宋时期，随着道教信仰在民间的传播，松柏长寿的形象更为人们接受和认可。松柏由仙话传说中的长生补益品逐步发展为民间的长寿吉祥物，常与鹤、石头、竹等意象组合出现在祝寿文学和祝寿图中，成为长寿福禄的象征。

至陵阳山登天柱石酬韩侍御见招隐黄山（节选）

[唐]李白

韩众[1]骑白鹿，西往华山中。玉女千余人，相随在云空。……因巢翠玉树，忽见浮丘公[2]。又引王子乔[3]，吹笙舞松风。朗咏紫霞篇[4]，请开蕊珠宫[5]。步纲[6]绕碧落[7]，倚树招青童[8]。何日可携手，遗形入无穷。

【注释】[1]韩众：古代传说中的仙人，出自屈原《楚辞·远游》。 [2]浮丘公：中国神话传说中的仙人，相传为周灵王时人士，常与太子王子晋吹笙，骑鹤游嵩山，修道山中。 [3]王子乔：中国神话传说中的仙人，与赤松子并称"松乔"。 [4]紫霞篇：指《黄庭内景经》。 [5]蕊珠宫：道教传说中天庭上有蕊珠宫，神仙所居，后用以称道观。 [6]步纲：步罡，道教施法最重要的步伐形式，其所步之迹最初系模拟北斗七星。 [7]碧落：道家所谓东方第一天，有碧霞遍满，故称碧落。 [8]青童：仙童，也指道观里的道童。

【品析】李白的这首游仙诗，以丰富的想象、华丽的辞藻描写道教的洞天福地、神府仙界，神仙的传奇故事和人神之间的交往，曲尽幽妙，引人入胜。松与道教有很深的渊源，《列仙传》《抱朴子》中都有服食松叶、松子成仙的故事，感松柏之常青而思托玄远、渴慕长生也是游仙诗常表现的题材，松柏意象自然也就成为文人寄托游仙理想的首选。在游仙诗中，松意象往往伴随着仙人、仙山、笙箫（仙乐）、白鹿（仙人坐骑）、鸾凤（为仙人驭车的神兽）、青童（仙人童仆）等意象，用以构成超脱凡俗的一系列意象群，表现了浪漫的气质和飘逸的情致。

过桐柏山

[唐]钱起

秋风过楚山[1]，山静秋声晚。赏心无定极，仙步亦清远。返照云窦[2]空，寒流石苔浅。羽人[3]昔已去，灵迹欣方践。投策谢归途，世缘从此遣。

【注释】[1]楚山：楚地的山。楚地指的是古楚国所辖之地，后来引申为湖南、湖北附近区域。这首诗里"楚山"指桐柏山，在今河南省南阳市桐柏县西南。[2]云窦：指云气出没的山洞。 [3]羽人：仙人。

【品析】钱起（722—780），字仲文，吴兴（今浙江湖州）人，唐代诗人，"大历十才子"之一，与郎士元并称"钱郎"。钱起工诗，进士考试时，以"曲终人不见，江上数峰青"（《湘灵鼓瑟》）之句，受到主考官的赏识，擢为高第，授职校书郎，除考功郎中。晚年到过桐柏山，写下《过桐柏山》一诗。

这是一首抒发归隐情怀、企慕出尘遁世的作品。钱起是一位归思极浓的诗人，道院仙观对他而言是很有吸引力的地方。桐柏山道教源远流长，境内的祖师顶为道教教观，相传，道教祖师爷真武大帝曾在此修炼42年后成仙。真人张三丰也曾在此修道后，转到武当山修炼。祖师顶始建于东汉，距今已有1800多年历史，有"小金顶"之称。河南桐柏山被道家称为"天下第四十一福地""三十六洞天"。中国古代，桐、柏并称，桐为阳木，柏为阴木，桐柏并称体现了道家阴阳和合的理念。

摩顶松[1]

[宋]《太平广记》

初奘[2]将往西域，于灵岩寺见有松一树。奘立于庭，以手摩[3]其枝曰："吾西去求佛教，汝可西长；若吾归，即却东回，使吾弟子知之。"及去，其枝年年西指，约长数丈。一年忽东回，门人弟子曰："教主归矣！"乃西迎之。奘果还。至今众谓此松为摩顶松。

【注释】 [1]本篇选自宋代李昉等人编纂的《太平广记》。题目为编者所加。 [2]奘：指玄奘，唐朝著名的三藏法师，俗姓陈，名祎，世称唐三藏，意为其精于经、律、论三藏。 [3]摩：摸，抚。

【品析】 《太平广记》是宋代李昉等人奉宋太宗之命编纂的一部类书，是古代文言纪实小说的第一部总集，主要取材于汉代至宋初的野史小说及道经、释藏等。所选文字出自《太平广记》第九十二卷，讲述的是大唐高僧玄奘与灵岩寺一株松树的故事。当初玄奘要去西域的时候，在灵岩寺看见有一松树。他站在庭院里，用手抚摩松树的树枝说：我去西方求取佛法，你可以朝着西面生长；如果我回来，你就掉转方向往东生长，以便使我的弟子们知道我的行踪。玄奘走了以后，这棵松树的枝条年年指向西方，有几丈长。有一年，忽然转向东方生长，众门徒弟子们知道玄奘回来了，于是向西迎接他，玄奘果然返回了大唐。直到现在人们都叫这棵松树为摩顶松。后世常用"摩顶松"的典故来阐释佛理。如宋代苏轼《东莞资福堂老柏再生赞》曰："生石首肯，奘松肘回。是心苟真，金石为开。堂上柏枯，其留复生。此柏无我，谁为枯荣。方其枯时，不枯者存。一枯一荣，皆方便门。人皆不闻，瓦砾说法。今闻此柏，炽然常说。"元代谢应芳《题僧纲澹泊轩》曰："澹然味无味，泊然空不空。露坐点头石，雪立摩顶松。"他们都运用了两个典故：晋道生大师欲证众生皆有佛性，在虎丘聚石说法，石为点头；唐玄奘大师往天竺求经，寺松亦西向，及还，松枝东指。由此可知，以佛眼观，则世间万物，无不是佛性的展示。"摩顶松"已成为灵岩寺的一景。

戏答陈季常寄黄州山中连理松枝（二首）

[宋] 黄庭坚

故人折松寄千里，想听万壑风泉音。谁言五鬣[1]苍[2]烟面，犹作人间儿女心。
老松连枝亦偶然，红紫事退独参天。金沙滩头锁子骨[3]，不妨随俗暂婵娟[4]。

黄山连理松（王颖摄）

【注释】 [1] 鬣（liè）：松针。　　[2] 苍：深青色，深绿色。　　[3] 金沙滩头锁子骨：指锁骨菩萨。典出李复言撰《续玄怪录》。　　[4] 婵娟：美女、美人。

【品析】 从这两首诗歌的题目和内容可以看出，陈季常从黄州山中采折来连理松枝，寄给远方的好友黄庭坚，表达了自己对老友的惦念。故人从千里之外寄来的松枝，在诗人心头引发了丰富的联想，仿佛听到连理松在风月之下发出的美妙声音，从中体味到了老友真挚的情谊。连理松"苍烟面"与"儿女心"的矛盾统一，也给了诗人思想的启示，从中领悟到深刻的道理。

松树颜色苍翠、姿态遒劲，给人一种刚硬严肃的感觉，然而松枝却能连理，强硬的外表下居然也有儿女柔情，刚强与柔婉、冷峻与热烈、肃穆与缠绵这些原本相反的两极，在连理松的身上奇妙地统一起来。由此，我们不难推想到，其实不唯松树，世上的事物很多时候都是这样两极并存、矛盾统一的。

第二首诗用佛教故事来阐释松树连理的非常现象："金沙滩头锁子骨，不妨随俗暂婵娟。"诗人运用锁骨菩萨典故，意在说明松枝连理就如同锁骨菩萨下凡一样，不过偶尔入世随俗，显示一下儿女情态罢了。

从某种程度来说，诗人对连理松的思索、玩味，也包含了对生活、哲理和文学规律的思考。在生活方面，宋代士大夫注重伦理规范、讲求道德修养，但他们同时又追求世俗生活的乐趣，在肯定天理的同时又尊重人欲。这种"和光同尘"的生活方式，黄庭坚曾有理论表述，他在《次韵答王眘中》中云："俗里光尘合，胸中泾渭分。"混迹世俗而心中自明，这种人生态度与锁骨菩萨如出一辙。宋人在文学创作中也存在以俗为雅、雅俗并存的倾向。这种两极并存、矛盾统一的生活与文学风尚，正是诗人通过"连理松"所要表达的思想。

吕洞宾度松树 [1]

[宋]范致明

白鹤老松，古木精也。李观守贺州，有道人陈某，自云一百三十六岁。因言及吕洞宾，曰："近在南岳见之，吕云：过岳阳日，憩城南古松阴。有人自杪而下，来相揖曰：'某非山精木魅，故能识先生，幸先生哀怜。'吕因与丹一粒，赠之以诗。"……后年余，李守岳阳，因访前事，果城南有老松。以问近寺僧曰："先生旧题诗寺壁，久已摧毁，但能记其诗，曰：'独自行来独自坐，无限世人不识我。惟有城南老树精，分明知道神仙过。'"后为亭松前，曰"过仙亭"。

【注释】 [1] 本文选自宋代范致明《岳阳风土记》。题目为编者所加。范致明于哲宗元符年间 (1098—1100) 中进士，并于 1104 年监岳阳酒税，《岳阳风土记》当作于任职期间。该书不分门目，随事载记，于郡县沿革、山川改易、古迹存亡考证特详。

【品析】 所选内容记述了道教"八仙"之一的吕洞宾度松树精的故事。故事说吕洞宾曾到过岳阳，但无人知道他是神仙，只有一老翁从松树梢下来向他行礼，于是吕洞宾写诗说："独自行时独自坐，无限世人不识我。惟有城南老树精，分明知道神仙过。"这个故事经过岳州太守李观的宣扬后在两宋时期非常流行。王巩的《闻见近录》、范致明《岳阳风土记》、张舜民《画墁集》、叶梦得《岩下放言》都记载过这个故事。从上述四则记载中可以得知，李观从道士处知道了松树精的故事，后特意相访，还在松前构亭，对松树精的故事传播起了重要的作用。

吕洞宾度老树的故事在多部元杂剧中都被作为主要叙事线索。如马致远的《吕洞宾三醉岳阳楼》、谷子敬的《吕洞宾三度城南柳》，只不过被度对象从松树变成了柳树。

松林秋月

[元] 王恽

万壑松声月色开，夜深清景湛[1]灵台[2]。放怀[3]不为樽[4]中醁[5]，坐听苍髯[6]说法[7]来。

【注释】 [1]湛：洗涤，使清澈。 [2]灵台：心灵。 [3]放怀：任情纵意，放宽心怀。 [4]樽（zūn）：古代盛酒的器具。 [5]醁（lù）：美酒。 [6]苍髯：灰白胡子，这里代指老松树。 [7]说法：讲授佛法。

【品析】 王恽（1227—1304），字仲谋，号秋涧，卫州路汲县（今河南卫辉市）人，元代著名学者、诗人兼政治家。

王恽的这首《松林秋月》描写了月下松林蕴含的禅意、禅境。月光皎洁清冷，如梦似幻，与松一起打造出光影风声、动静适宜的月夜幽景。月下松林清幽虚静，使人灵台清明；老松苍髯披拂，如阅世老禅现身以说法。诗歌直接将苍松比为老禅师，将松声比作禅师讲授佛法之声。

"月"本身就是一个颇具禅韵的意象，以月喻心，是佛禅常用的比喻。月亮清光满照，明朗皎洁，了无渣滓，有如圆净明朗之慧心。而"寒松月"作为禅语机锋也在佛学著作中一再出现，如《五灯会元》卷八"龙华契盈禅师"条记载的问答："僧问：'如何是龙华境？'师曰：'翠竹摇风，寒松锁月。'"《五灯会元》卷十二"法轮彦孜禅师"条："僧问：'如何是不涉烟波底句？'师曰：'皎皎寒松月，飘飘谷口风。'"在文学作品中，松林月下参禅是经常出现的画面，如唐代钱起《送赟法师往上都》云："今宵松月下，门闭想安禅。"诗歌中，月下松林既有优美的意境，又喻示深邃的禅理，有寻绎不尽之妙。王维某些写田园隐逸生活之乐的诗句也蕴含浓郁的禅意，像"明月松间照，清泉石上

"僧貌古于松"，出自清代马涛《诗中画》，清光绪十一年刊钤印本

流""松风吹解带，山月照弹琴"。诗中把清净简淡的禅寂生活与松林、月色等意象结合起来描写，禅境、禅意与清秀灵异的景物融合在一起，既含蓄隽永、神韵超然，又平淡自然、深入人心。在明代释大圭的《虚亭秋月为实上人作》中，更将松林清境与禅境相互交融："幽庭坐虚寂，月出青松林。流光入禅户，凉思满衣襟。六根净无垢，万境亦消沉。荡兹着有想，快我遗世心。"月下松林幽寂空虚，与佛家倡导的"六根清净、四大皆空"的境界和谐地融为一体。

四、民俗节庆中的松柏

松柏树龄长，耐寒常青，寓意丰富，在吉祥图案中有着广泛的应用。如徽州民居砖雕中，用松与鹿、蝙蝠组合成一幅图，蝠谐音"福"，鹿谐音"禄"，松是长寿的象征，加在一起寓意"福禄寿"。松石图常被悬挂在民居的厅堂正中，松寓意长寿、繁荣，"石"寓意稳固、恒久，代表着整个家族的期望和目标。民间祝寿图和民俗年画中常见的"南山不老松图"是松与南山的组合，"松鹤延年图"是松与仙鹤的组合。柏与"百"谐音，柏子象征"百子"，是旧时婚嫁和祈子的必备之物，以祝多子多福。此外，民间吉祥图案还把柏与柿子、橘子结合，寓意"百事大吉"；柏与如意、柿子结合，寓意"百事如意"。松柏在古代节庆活动中应用也很普遍，如元旦家人共饮柏叶酒，除夕夜在院子里燃松柏枝祭岁，年饭上插松柏枝等。

三多九如[1]
《诗经》

如山如阜，如冈如陵，如川之方至，以莫不增……如月之恒[2]，如日之升。如南山之寿，不骞[3]不崩[4]。如松柏之茂，无不尔或承[5]。

【注释】[1] 本篇出自《诗经·小雅·天保》。题目为编者所加。　[2] 恒：持久。　[3] 骞（qiān）：亏损。　[4] 崩：倒塌。　[5] 承：继续，接连。

［清］邹一桂《翠柏双喜图》（天津博物馆藏）

【品析】 这段文字连用九个"如"字，以颂福寿延绵。唐代孔颖达在《毛诗正义》中对《小雅·天保》中的这一段话解释说："言王德位日隆，有进无退，如月之上弦稍就盈满，如日之始出稍益明盛。王即德位如实，天定其基业长久，且又坚固，如南山之寿，不骞亏，不崩坏，故常得隆盛，如松柏之木，枝叶恒茂。无不于尔有承，如松柏之叶，新故相承代，常无凋落，犹王子孙世嗣相承，恒无衰也。"可见，《天保》以松柏为喻来为君王祈福，有两层含义：一是以松柏枝繁叶茂祝愿君王青春常在、长寿安康；一是以松柏之叶新旧更替、常青不衰祈祝君王子孙绵延，永享福禄。

"三多九如"是吉祥纹样，盛行于清代。周围绘九支如意，谐意"九如"，即如山、如阜、如陵、如岗、如川之方至、如月之恒、如日之升、如南山之寿、如松柏之茂，九支如意围成圆形，象征圆满无缺。如意环绕着中间的佛手、桃子、石榴，佛手谐音"福"，以桃寓意"寿"，以石榴暗喻"多子"，表现"多福多寿多子"的寓意。图案中的事物皆为祝颂之意，称"三多九如"。

松柏耐寒后凋，禀坚凝之质，为多寿之木，祝寿以松柏相比，实在再恰当不过。《诗经·小雅·天保》以"南山之寿""松柏之茂"为喻祝寿祈福，这里的"南山"，指终南山，南山永存恒在，松柏常青不老，因此才有这样的比喻。这可视为民俗中南山不老松意象的文学源头。

从宋代始，"南山松柏"被反复用于祝寿文学中，如"祝君遐算，南山松柏长茂"（方岳《百字谣·寿丘郎七月二十四日》），"功成了，笑傲南山，寿如南山松柏"（无名氏《满朝欢·寿韩尚书出守》），"寿杯满劝庆遐龄。寿比南山松柏、永长春"（胡文卿《虞美人》）。松柏也是宋代祝寿图的主角，出现了如马远《松寿图》、冯觐《南山茂松》等。

宋代以后，祝寿文学中也不乏"南山松柏"的拟喻，如元代王旭《寿杜元亮》"愿君寿如南山松，愿君富贵山比崇"等。至迟在明代，不老松意象就出现在祝寿文学中，如明代吴国伦《松萱介寿图为周敬甫秀才题祝其母寿》云："映石忘忧草，参天不老松。为称慈母寿，兼拟大夫松。"出土文物也证实，明代祝寿文学中已出现"南山不老松"意象。1957 年四川重庆江北蹇芳墓出土的明代学士登瀛金钗，

"松寿",出自明代程大约编、丁
云鹏等绘《程氏墨苑》,明万历
年间程氏滋兰堂刊彩色套印本

背面刻有《七绝》一首:"福如东海长流水,寿比南山不老松。长生不老年年在,松柏同岁万万春。"并刻有金钗制作的明确时间:"岁在戊申(宣德三年,1428年)仲冬。"在清代通俗小说《小八义》《小五义》中,"福如东海长流水,寿比南山不老松"的寿联已活跃在民间语言中。以后南山不老松意象在民间获得了广泛的应用,成为中国文学和文化中的一个经典意象。

孟冬礼俗[1]

[汉]刘安

孟冬[2]之月,……天子衣黑衣,乘玄骊[3],服玄玉[4],建玄旗,食黍[5]与彘[6],服八风水[7],爨[8]松燧[9]火。

【注释】 [1]本文选自西汉淮南王刘安主持编写的《淮南子·时则训》。题目为编者所加。 [2]孟冬:冬季的第一个月,即农历十月。 [3]玄骊:黑色的马。玄,黑色。骊,纯黑色的马。 [4]玄玉:黑色的玉。 [5]黍:一年生草本植物,叶线形,籽实淡黄色,去皮后称黄米,比小米稍大,煮熟后有黏性。 [6]彘(zhì):猪。 [7]八风水:八方之风吹来的露水。高诱注:"取铜䰠中露水服之,八方风所吹也。" [8]爨（cuàn）：烧火做饭。 [9]燧（suì）：上古取火的器具。

【品析】《淮南子》又名《淮南鸿烈》，是西汉宗室淮南王刘安招致宾客，在他主持下编写的一部哲学著作。内容原分为内、中、外篇，现仅存内篇二十一篇。书中以道家思想为主，糅合了儒、墨、法、阴阳等家的思想，《汉书·艺文志》将它列入杂家。书中保存了不少自然科学史料和神话寓言故事，也记载了一些秦汉间的轶事，内容丰富。所选文字记载了上古时期孟冬季节的王室礼俗。孟冬之月，天子身穿黑色衣服，乘坐黑色骏马，佩戴黑色宝玉，竖起黑色旗帜，吃黍和猪肉，饮用八方之风吹来的露水，用燧石取火，燃烧的是松木。孟冬礼俗在《礼记》《吕氏春秋》中都有类似的记载，这类记载表明了松木在上古时期的礼俗价值。

墓上树柏[1]

[汉]应劭

墓上树柏，路头石虎。《周礼》："方相氏[2]，葬日入圹[3]，驱魍象[4]。"魍象好食亡者肝脑，人家不能常令方相立于墓侧以禁御之，而魍象畏虎与柏。故墓前立虎与柏。或说：秦穆公时，陈仓人掘地，得物若羊，将献之，道逢二童子，谓曰："此名为蝹[5]，常在地中食人脑。若杀之，以柏东南枝插其首。"由是墓侧皆树柏。

【注释】[1]本文选自汉代应劭《风俗通义》佚文。题目为编者所加。[2]方相氏：《周礼》规定的司马的下属，专职为国家驱除瘟疫；葬礼时，方相氏则驱除鬼怪；后成为旧时汉族民间普遍信仰的神祇，为驱疫避邪的神。[3]圹（kuàng）：墓穴。 [4]魍象：魍魉，传说中的一种鬼怪。 [5]蝹（ǎo）：传说中的兽名。如猿，常伏地下食死人脑。

【品析】《风俗通义》以考证历代名物制度、风俗、传闻为主，对两汉民间的风俗迷信、奇闻怪谈多有驳正，是研究古代风俗和鬼神崇拜的重要文献。从这段节选文字可见，墓柏除了客观的标识作用外，在古人观念中还有一项重要的功能，就是对地下亡灵的护佑。传说中有一种叫"魍象"的鬼怪喜欢吃死人的肝脑，这种鬼怪害怕虎和柏，所以墓前种柏树、立石虎，就是为了驱除魍象。有的人说秦穆公时，陈仓人挖地挖到一个貌似羊又非羊的动物，叫作"蝹"，常伏地下吃死人脑，用柏枝击打它的头可以杀死它。因此，墓地旁都会种柏树。《风俗通义》中的这段记载反映了民间对墓柏能驱邪祛恶、保护亡者的认识。

元　旦 [1]

[南朝·梁] 宗懔

（正月一日）长幼悉 [2] 正 [3] 衣冠，以次 [4] 拜贺，进椒柏酒 [5]，饮桃汤 [6]。

【注释】 [1] 本篇选自南朝梁宗懔撰写的《荆楚岁时记》。　[2] 悉：都。[3] 正：整理好。　[4] 次：次序；等第。　[5] 椒柏酒：椒酒和柏酒，即用花椒浸制的酒和用柏叶浸制的酒。古代农历正月初一用以祭祖或献给家长以示祝贺拜寿之意。　[6] 桃汤：用桃木煮成的汁液。古代风俗于春节饮桃汁以辟邪。

【品析】《荆楚岁时记》是记录中国古代楚地（以江汉为中心的地区）汉族岁时节令风物故事的笔记体文集，记载了自元旦至除夕的二十四个节令和时俗，涉及民俗和民间工艺美术以及乐舞等。

　　所选文字描述了古代元旦的民俗活动。在农历正月初一的这天，全家老少穿戴整齐，按辈分、年龄次第向祖先和家长献椒酒、柏酒以祝贺拜寿，饮桃汁以辟邪。正月初一向家中长辈进椒柏酒的风俗，在东汉崔寔《四民月令·正月》中已有记载："各上椒酒于其家长。"原注："正日进椒柏酒。椒是'玉衡'星精，服之令人能老。柏亦是仙药。进酒次弟，当从小起，一以年少者为先。"南北朝时的庾信有首《正旦蒙赵王赉酒》诗："正旦辟恶酒，新年长命杯。柏叶随铭至，椒花逐颂来。"这首诗描写的是元旦朝贺时接受赏赐椒柏酒的喜悦心情。元旦除了进椒柏酒外，还有饮桃汤的风俗。桃汤是用桃木煮成的汁液，古人以为桃是五行之精，能伏邪气，制百鬼，所以饮用桃汤可以辟邪。

天子树松，诸侯树柏[1]

[唐] 封演

《礼经》云："天子坟高三雉[2]，诸侯半之，大夫八尺，士四尺。天子树松，诸侯树柏，大夫树杨，士树榆。"……盖殷、周以来，墓树有尊卑之制，不必专以罔象之故也。

【注释】 [1]本文选自唐代封演的《封氏闻见录》。题目为编者所加。 [2]雉：古代计算城墙面积的单位，长三丈高一丈为一雉。

【品析】 唐代封演所撰《封氏闻见录》，是一部内容丰富的笔记小说集。从引《礼经》中的这段文字可以看出，商、周时期，墓木的品种是有严格等级之分的。

《淮南子·齐俗训》给予了上古丧葬制度更为详细的记载，如"夏后氏其社用松""殷人之礼，其社用石""周人之礼，其社用栗，……葬树柏""礼乐相诡，服制相反，然而皆不失亲疏之恩，上下之伦"。从以上有关上古丧葬的记载可知，殷商葬树用松，周人葬树用柏，关键在于"不失亲疏之恩，上下之伦"。封建社会特别重视上下尊卑的人伦，这一点也体现在丧葬制度上，特别是封建社会早期，各阶层人物的坟墓高度和墓树品种都有着严格的区分，松柏一般是最高统治阶层的专用墓树。自夏商周三代以后，封建墓地等级制度逐渐瓦解，墓地树种与墓主身份的对应关系随之松懈。至魏晋六朝时，松柏已是民间普及的坟头树。

道边松

无名氏

道边松，大义渡[1]至漳泉[2]东，问谁植之我蔡公[3]。岁久广荫如云浓，甘棠[4]蔽芾[5]安可同，委蛇天矫腾苍龙。行人六月不知暑，千古万古长清风。

【注释】 [1]大义渡：指福州市郊大义渡口。 [2]漳泉：漳州泉州。 [3]蔡公：指宋代名臣蔡襄。 [4]甘棠：棠梨的别名。出自《诗经·召南·甘棠》："蔽芾甘棠，勿翦勿伐，召伯所茇。" [5]蔽芾（fèi）：茂盛的样子。

"松鹤"，出自明代程大约编、丁云鹏等绘《程氏墨苑》，明万历年间程氏滋兰堂刊彩色套印本

【品析】 蔡襄，宋代名臣，字君谟，自号莆阳居士，谥"忠惠"。在任谏官期间，他刚正不阿，仗义执言，勇于针砭时弊，获得朝野普遍赞誉。庆历五年（1045），蔡襄受命出知福州，庆历七年（1047）改任福建路转运使。在任内，他发展农业生产，减征赋役，兴办学校，深受百姓爱戴。蔡襄发动民众沿各县官道种植松树，从福州大义渡至泉州、漳州七百里的大道两侧，种松成行，既稳固路基，又能荫庇道路。据《宋史·蔡襄传》载："襄立石为梁，其长三百六十丈，种蛎于础以为固，至今赖焉。又植松七百里以庇道路，闽人刻碑纪德。"

松鹤长春

【品析】《花镜》称松："松为百木之长……皮粗如龙鳞，叶细如马鬃，遇霜雪而不凋，历千年而不殒……"《花镜》称鹤："一百六十年则变止，千六百年则形定，饮而不食。"松与鹤，是动植物世界中的长寿之王，二者组合构成吉祥图"松鹤长春"。

松与鹤的组合是祝寿文学、祝寿图中最常见的题材。一方面，松婆娑有致的身姿与鹤飘逸灵动的体态相得益彰，首先给人视觉上的美感享受；另一方面，松与鹤都是原始信仰中寄托祥瑞寓意的意象。诗词、绘画中常见松鹤的身影，如唐代戴叔伦《松鹤》："雨湿松阴凉，风落松花细。独鹤爱清幽，飞来不飞去。"宋代苏洞《题松鹤》"鹤鸣松树颠"，宋代释智圆《洞霄宫》"松古巢高鹤"则描绘出鹤巢松枝、鹤立松荫的画面。宋代以后松鹤图渐多，如宋代时黄居寀《寿松双鹤》、宋迪《南山松鹤》、王寿《松鹤图》，元代盛懋《松鹤图》，明代马负图《松鹤图》，清代沈铨《松鹤图》、华嵒《松鹤图》等。

岁寒三友

【品析】 中国是世界上植物资源最为丰富的国家之一，拥有诸多具有地域特色的"民族植物"。先贤崇尚君子人格，把一些品性高洁的植物人格化，作为君子的象征，如"松"被称为"君子树"，"竹"被呼作"君子竹"，梅、兰、莲、菊都曾被视为"花中君子"。特别是有着"岁寒"之性的松、竹、梅，在民族文化传承中，被赋予了丰富的人格内涵，成为君子形象的最佳象征物。

松竹梅纹三孔花插（故宫博物院藏）

先秦儒家经典著作《礼记》中的《礼器》篇中已将松、竹比并连誉："其在人也，如竹箭之有筠也，如松柏之有心也，二者居天下之大端矣，故贯四时而不改柯易叶。"松、竹均有凌寒之性，同气相求，形成比德组合，发展出坚贞如一、节操不变的象征意蕴。梅花秉具松、竹的凌寒之性，后来居上，得以松竹比肩，成为君子人格的又一常见象征物。

唐代朱庆余《早梅》一诗较早将梅与松、竹同列："天然根性异，万物尽难陪。自古承春早，严冬斗雪开。艳寒宜雨露，香冷隔尘埃。堪把依松竹，良涂一处栽。"梅花由此获得了与松、竹相媲美的地位。从南宋开始，"岁寒三友"之说开始在文学艺术界流行。正如程杰先生在《"岁寒三友"缘起考》一文中所说："'岁寒三友'的联袂组合，则以丰富、强劲的感性形象，比单个意象蕴涵了更为鲜明、深厚的品德情操意味，成为后世君子贤士喻志写意常用的审美符号。"

松菊延年

【品析】 松是木中以寿著称者，"人中之有老彭，犹木中之有松柏"，传说中的"天陵偃盖之松，大谷倒生之柏"，更被视为"与天齐其长，与地等其久"的木中仙品。在中国民俗心理中，千百年长存之物，体内多聚有灵异之气，能变化为种种神物、精灵。仙话传说中的千年老松往往会生成一些附生之物，服之可以长寿延年。《淮南子》卷一六《说山训》说："千年之松，下有茯苓，上有兔丝；上有丛蓍，下有伏龟。圣人从外知内，以见知隐也。"道家还将老松体内的这些附生物作为辅助修炼的外丹仙药，《抱朴子·仙药》云："松树枝三千岁者，其皮中有聚脂，状如龙形，名曰飞节芝，大者重十斤，末服之，尽十斤，得五百岁也。"《嵩高山记》中也有类似之说："嵩岳有大松，或百岁千岁，其精变为青牛，或为伏龟，采食其实得长生。"刘向的《列仙传》和题为班固所作的《汉武帝内传》中都有服食松脂、松膏或茯苓延寿成仙的描写。松脂、茯苓等老松附生之物确实具备祛病健身之功效，这使得老松长寿的形象更加令人信服。松柏是

松菊延年

长寿之木，又有着医病延年的实际功用，因此，从秦汉之际始，松柏在民间传说中往往成为仙寿理想的寄托。

松凌冬不凋，是岁寒之木；菊则是花中耐寒者。菊的生命力强，凌霜绽放，花期很长，清香怡人，又可入药，有"长寿花"之称。菊与松一样，均可使人延寿。松菊构成传统吉祥寓意图案"松菊延年"，纹饰以松菊组成，常出现于民间剪纸中，以及器物、文具等的图案上，寓长寿延年之意。

百事大吉

[明] 田汝成

正月朔日，……签柏枝于柿饼，以大橘承之，谓之"百事大吉"。

【品析】 这段文字出自明代田汝成撰《西湖游览志余》。松柏作为长寿树种的代表，在中国民俗图案中有广泛的应用。吉祥图案"百事大吉"由柏树、柿及大橘子构成。在民俗观念中，柏谐音"百"，喻很多，常用以盖全部。"柿"与"事"谐音。"橘"字俗作"桔"，"木"旁有个"吉"字，且与"吉"的字音相近，在民间有"吉祥如意""吉庆平安"的美好寓意。杭州习俗，元旦特意用橘、柏枝、柿果做成拼盘，意为"百事大吉"。"百事大吉"图案，寓意为吉祥、事事如意。

百事如意

百事如意

【品析】 "柏"与"百"的谐音，在一些事物的寓意中，常以"柏"代"百"。百又是中国人心目中的满数，包括多而全的意思。"百事如意"吉祥图案是由柏树与柿子组合，寓意"百事如意"，祝愿诸事顺心如意。北京著名古刹潭柘寺大雄宝殿前，有柏、柿并生的古木，今人在树前立碑，上刻"百事如意"，成为时尚景观。

〔明〕陈淳《松石萱花图》（南京博物院藏）

五瑞图

【品析】 五瑞图是由松、竹、萱、兰、寿石组合成的图案。这五种自然物都有祥瑞、吉祥的含义。松常年青翠，生命力极强，树龄也很长，生命周期可达数千年，民间也常用松树代表长寿。竹子象征平安，有"竹报平安"之说，作为出门在外的人安泰无恙的比喻，竹子也成为吉祥平安的象征。萱草又叫忘忧草，据说这种草能使人忘忧。兰花有花中君子之称，自古被视作高洁的象征。磐石稳固、坚实、长久，因此有"寿石"之称，也被人们视为长寿象征。"五瑞图"，象征着家庭成员长寿无忧，家族子孙兴旺，基业稳固，诸事平安。

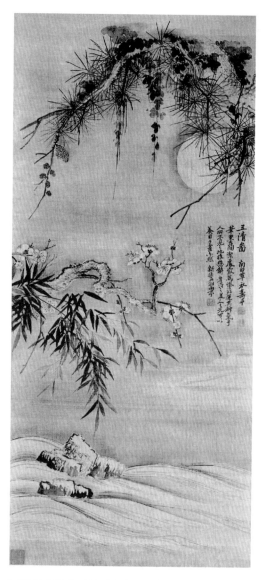

[清]恽寿平《五清图》（台北故宫博物院藏）

五清图

【品析】 五清图是由松、竹、梅、水、月组成的图案。松品性高洁，有"君子树"之称。竹外挺直而中虚空，更兼竹节累累，被赋予正直、谦逊、有节的美德，有"君子竹"之誉；梅花"凌寒独自开"，暗香疏影，宜雪中月下观赏，也是清高洁净之物；月皎洁明亮；水晶莹剔透。以上五种都是清爽洁净之物，故组成图案，称"五清图"。

除 夕[1]

[清]于敏中等

除夕五更焚香楮[2]，送玉皇[3]上界[4]，迎新灶君[5]下界……夜以松柏枝杂柴燎[6]院中，曰松盆[7]，炮岁[8]也。

【注释】[1]本文选自清代于敏中等人编撰的《日下旧闻考·风俗》。 [2]香楮：祭神鬼用的香和纸钱。 [3]玉皇：道教中天上诸神的管理者。 [4]界：佛教语，犹范畴。特指"空间"，与"世"相对。 [5]灶君：灶神。民间在锅灶附近供的神，认为他掌管一家的祸福财气。 [6]燎：古祭名，烧柴祭天。 [7]松盆：旧时京师祭岁有松枝装在盆里烧了燎院的习俗。 [8]炮（ǒu）岁：以燔燎木柴的形式祭岁。炮，燃而不甚炽烈。

【品析】《日下旧闻考》是关于北京历史、地理、城坊、宫殿、名胜等的资料选辑。这段文字记述了旧时京师祭岁以松枝燎院的习俗。燎祭是古代祭祀仪式之一，最早是把玉帛、牺牲放在柴堆上，焚烧祭天。古代的"燎祭"后又转变而为"燎岁"习俗。除夕人们在庭院前点燃松枝、柏叶等，意在燎去一年的晦气。火不仅能带来光明和温暖，还被赋予驱散邪恶、消灾祛病的超自然的神秘力量，寄寓着人们希望日子红红火火，一年更比一年旺的美好愿望。民间"燎岁"的木柴多用松柏，因为松柏枝叶富含油脂，燃烧时能散发出强烈的香味和浓烟，上达于天。这种"芬芳之祭"在古人眼里更富于神圣的宗教意味。

门 神[1]

[清]于敏中等

元旦贵戚[2]家悬神荼、郁垒[3]，民间插芝梗、柏叶于户[4]。

神荼、郁垒

【注释】 [1]本文选自清代于敏中等编撰的《日下旧闻考·风俗》。题目为编者所加。 [2]贵戚：君主的内外亲族。 [3]神荼（shū）、郁垒（lǜ）：上古传说中的能制伏恶魔的两位神人，后世遂以为门神，画像丑怪凶狠。 [4]户：门。

【品析】 神荼、郁垒是汉以来偶像化的门神，他们的画像与芝梗、柏叶在元旦这天被分别悬置在贵戚与百姓的门户，用以驱恶镇邪。神荼、郁垒是门神像，芝梗、柏叶是门神物。南朝梁宗懔《荆楚岁时记》中早有松柏镇门的相关记载，如"魏议郎董勋"云："今正、腊旦，门前作烟火、桃神，绞索松柏，杀鸡着门户，逐疫，礼也。"正月初一和腊月的早晨，门前烧香纸、树桃人，把松柏树枝扭成绳索挂在上面，杀只鸡把鸡血洒在门户上，驱逐瘟疫，这在南朝时就成为一种礼俗。

年　饭[1]

[清] 富察敦崇

年饭用金银米[2]为之，上插松柏枝，缀以金钱、枣、栗、龙眼、香枝，破五之后方始去之。

【注释】 [1]本文选自清代富察敦崇《燕京岁时记》。 [2]金银米：大米、小米的美称。北方人的年夜饭以黄、白两色米煮成，称为"金银米"。

【品析】《燕京岁时记》是一部记叙清代北京岁时风俗的杂记，记述了清代北京的风俗、游览、物产、技艺等，其中有很多关于民俗学的资料。清代北京民间过除夕，将大米、小米煮成饭（取黄白二色为金银之意），捞入盆中，饭上插一尺多长的松柏枝，上面缀上金钱、红枣、栗子、龙眼、香枝，待正月初五（破五）后才撤去，是名副其实的"隔年饭"，代表年年有余粮。枣谐音"早"，栗谐音"立"，龙眼取"龙"字，香枝的"枝"谐音"子"，串读即"早立龙子"。此饭又称"聚宝盆"或"摇钱树"，置于供桌，祈求新的一年里人财两旺。

五、掌故传说中的松柏

古代的笔记、小说、史书、方志乃至诗歌中记载了大量与松柏有关的历史掌故、民间传说、神话故事。和松柏有关的历史掌故很多，如五大夫松（始皇封松）、丁固梦松、松枝挂剑、松菊三径、弘景恋松、七松处士、柏梁高宴（柏梁赋诗）、柏舟自誓、西陵松柏、偃盖松、丞相柏、莱公柏、九里松、摩顶松等。这些典故被后人经常引用，已成为文学和文化表达的经典。本部分重点考察这些典故形成的过程，梳理传播、影响和接受的历史。和松柏有关的传说，其实与现实中人事息息相关。松柏的荣枯、变异，联系着人的生死寿夭、爱恨荣辱，预示着世事的兴衰、治乱。这类故事材料丰富且有趣味，展现出松柏在严正端方的传统形象外活色生香的另一面。

<h1 style="text-align:center">柏舟自誓</h1>

《诗经》

泛彼柏舟，在彼中河。髧[1]彼两髦[2]，实维我仪[3]，之[4]死矢靡它[5]，母也天只，不谅人只。

泛彼柏舟，在彼河侧。髧彼两髦，实维我特[6]，之死矢靡慝[7]，母也天只，不谅人只。

【注释】[1]髧（dàn）：头发下垂的样子。 [2]髦（máo）：齐眉短发，是古代未成年男子的标志。这里作为小伙子的代称。 [3]仪：匹配，对象。 [4]之：

到。　[5]矢靡它：绝无二心。矢，誓。靡，无。　[6]特：配偶。　[7]慝（tè）：变更，变心。

【品析】"柏舟自誓"的典故出自《诗经·鄘风·柏舟》。《诗序》说："卫世子共伯早死，其妻守义，父母欲争而嫁之，誓而弗许，故作是诗以绝之。"后世便称妇丧夫为"柏舟之痛"，夫死不嫁为"柏舟之节"。这一典故常被用来喻指寡妇守节之志，如三国时期丁廙《蔡伯喈女赋》："惭柏舟于千祀，负冤魂于黄泉。"晋代潘岳《寡妇赋》："蹈共姜兮明誓，咏柏舟兮清歌。"元代柯丹邱《荆钗记》第六出"议亲"中王母道白："老身柏舟誓守，自甘半世居孀。"《荆钗记》第四十四出"续姻"中钱玉莲借这一典故自誓心志："誓以柏舟，甘效共姜，死而后已。"在为贞女烈妇所作的传记、墓志、祭文中，"柏舟自誓"的典故频被使用，如宋代苏轼《周夫人墓志铭》、杨万里《节妇刘氏墓铭》，元代王恽《先祖妣韩氏祭文》，明代胡应麟《贞慧唐母传》，清代朱彝尊《书戴贞女事》等都曾用此典。

剑挂孤松[1]

[汉] 司马迁

季札之初使，北过徐君。徐君好季札剑，口弗敢言。季札心知之，为使上国，未献。还至徐，徐君已死，于是乃解其宝剑，系之徐君冢树而去。从者曰："徐君已死，尚谁予乎？"季子曰："不然。始吾心已许之，岂以死倍[2]吾心哉！"

【注释】[1]本文选自汉代司马迁《史记·吴太伯世家》。题目为编者所加。"剑挂孤松"又称"季札挂剑"。　[2]倍：同"背"，违背。

【品析】汉代刘向《新序·节士第七》中记载了更为详细的故事。"延陵季子将西聘晋，带宝剑以过徐君。徐君观剑，不言而色欲之。延陵季子为有上国之使，未献也，然其心许之矣。致使于晋，故反，则徐君死于楚，于是脱剑致之嗣君，从者止之曰：'此吴国之宝也，非所以赠也。'延陵季子曰：'吾非赠之也。先日吾来，徐君观吾剑，不言而其色欲之，吾为有上国之使，未献也，虽然，吾心许之矣。今死而不进，是欺心也。爱剑伪心，廉者不为也。'遂脱剑致之嗣君。嗣君曰：'先君无命，孤不敢受剑。'于是季子以剑带徐君墓树而去。徐人嘉而歌之曰：'延陵季子兮不忘故，脱下金之剑兮带丘墓。'"

春秋时吴国公子季札出使晋国，路经徐国时，拜谒徐君，徐君见了季札所带的宝剑，心中喜爱但不好讲出来。季札也明白，因为出使上国需要佩剑，当时没有把宝剑献出。出使归来，季札又经过徐国，而徐君已死，季札即将剑赠予嗣君，从者谏阻说："这是吴国之宝，何况徐君已死，又何必赠呢？"季札说："我上次未赠，是因为出使需要，但心中已默许了。现在因人死而不赠，是违背本心，这是廉洁的人不为的。"因嗣君一再不受，季札就将剑挂在徐君墓前的树上而去。

《史记·吴太伯世家》和《新序·节士第七》只是说季札把宝剑挂在徐君的墓树上，并未指明是哪种树。北周庾信《周柱国楚国公岐州刺史慕容公神道碑》中"泪堕片石，剑挂孤松，清徽令范，千载余踪"的句子，引用了"季札挂剑"的典故，明确延陵季子挂剑的冢树为"松"，"剑挂孤松"由此成为"季札挂剑"典故的另一种表述。

西陵松柏[1]
南朝乐府

妾乘油壁车[2]，郎跨青骢马[3]。何处结同心，西陵松柏下。

【注释】 [1]本文选自宋代郭茂倩《乐府诗集》卷八十五《杂歌谣辞三》中的《苏小小歌》。题目为编者所加。西陵：一名西泠，在今杭州孤山一带。 [2]油壁车：用油漆涂饰的华丽车子，为古代贵妇人所乘坐。 [3]青骢（cōng）马：青白杂色的马。

【品析】 苏小小，"南齐时钱塘名妓也。貌绝青楼，才空士类，当时莫不艳称。以年少早卒，葬于西泠之坞"（张岱《西湖梦寻》）。郭茂倩的《苏小小歌》中记述了一个美好的爱情故事，乘坐油壁车的美丽少女，在路上偶遇骑着青骢马的少年。两人一见钟情，在西陵松柏下永结同心。

后代的文人为苏小小写的诗作不胜枚举。唐代的白居易、李贺，明代的张岱，现当代的曹聚仁、余秋雨，都写有关于苏小小的诗文。苏小小被誉为"中国版的茶花女"。 如唐代李贺的《苏小小墓》："幽兰露，如啼眼。无物结同心，烟花不堪剪。草如茵，松如盖，风为裳，水为珮。油壁车，夕相待。冷翠烛，劳光彩。西陵下，风吹雨。"这首诗歌延续了南朝那个香艳故事，可是"西陵松柏"已成为埋香瘗玉之地，诗的意境和风格也随之发生了变化，好似《九歌·山鬼》般的凄迷怅惘，却更为幽冷奇峭。宋代的张先又化用李贺诗意，作了《山亭宴·湖亭宴别》："西陵松柏青如故。剪烟花、幽兰啼露。油壁间花骢，那禁得、风吹细雨。"词作切合宴别地点杭州，并借以渲染伤别气氛。宋代毛开咏情爱别离的《薄幸》词也运用了这一典故："柳桥南畔。驻骢马、寻春几遍。自见了、生尘罗袜，尔许娇波流盼。为感郎、松柏深心，西陵已约平生愿。记别袖频招，斜门相送，小立钗横鬓乱。"这是"西陵松柏"情爱内涵的沿用。

文人游赏吟咏杭州西湖时，常引用"西陵松柏"的典故，如宋代康伯可《长相思》："郎意浓，妾意浓，油壁车轻郎马骢，相逢九里松。"明代徐𤊹《九里松风》："虬龙千尺翠烟凝，九里涛声浪几层。油壁青骢堤上过，同心犹记结西陵。"两首作品都以杭州西湖为背景，都使用了"西陵松柏"和"九里松"两个典故。"西陵松柏"在文人心目中，已成为杭州一个饱含情感和历史文化的地方，从而具有了独特的魅力。

六朝那个痴情的女子早已逝去，而那段浪漫唯美的爱情却与"西陵松柏"一起，留在后人的记忆中，时时激起文人旖旎的联想，著名的作品还有明代袁宏道的《西陵桥》、清代徐夜《西陵桥吊苏小》等。

始皇封松 [1]

[汉] 应劭

秦始皇上封 [2] 太山 [3]，逢 [4] 疾风暴雨，赖得松树，因复其下，封为五大夫 [5]。

【注释】 [1]本文选自汉代应劭《汉官仪》卷下。题目为编者所加。 [2]封：

封禅。 [3]太山: 山东泰山。 [4]逢: 遭遇。 [5]五大夫: 秦时爵名。《商君书·境内》第十九曾列举了秦代爵名、爵等, 依次为公士、上造、簪袅、不更、大夫、官大夫、公大夫、公乘、五大夫、左庶长、右庶长、左更等, 五大夫为第九级。

【品析】《汉官仪》是两汉典章制度汇集, 成书于东汉末年, 对于保存汉代官制及其他礼仪制度是有贡献的。时至今日, 也是研究汉代典章制度的重要参考资料。

秦始皇统一六国之后, 于始皇二十八年 (前219) 登泰山封禅, 祭告天地, 显示他的成功。"始皇封松"的典故出自《史记·秦始皇本纪》:"(始皇) 乃遂上泰山, 立石。封。祠祀。下, 风雨暴至, 休于树下, 因封其树为五大夫。"这是说秦始皇巡游泰山, 风雨骤至, 在大松下避雨, 后来封此树为"五大夫"。《史记》并未言所封为何树。应劭的《汉官仪》中始言为松, 后人因称此树为"五大夫松"。"五大夫"为秦爵名, 后人不解, 甚而将"五大夫"松讹传为五株松。比如北周庾信《陪驾幸终南山和宇文内史》"水奠三川石, 山封五树松", 唐代陆贽《禁中春松》"愿符千载寿, 不羡五株封", 宋王令《大松》"却笑五株乔岳下, 肯将直节事秦嬴"。"五大夫"遂成为松的一个代称。《幼学琼林》云"竹称君子, 松号大夫", 语亦由此而来。

泰山自古以来盛产松柏。《尚书·禹贡》云:"岱畎丝、枲、铅、松、怪石。"西汉经学家孔安国注:"岱山之谷出此五物, 皆贡之。"岱山即泰山, 这说明泰山山谷出产的松木曾经作为珍贵的特产进贡给周王朝。唐代杜甫《望岳》诗说:"岱宗夫如何? 齐鲁青未了。"可见, 唐代时泰山依然是松柏郁郁。泰山诗歌中很多作品写到了松柏, 其中吟咏"汉柏""大夫松"的尤多。此外, 石坞松涛、对松绝奇、柏洞、望人松等也是泰山著名的景观。

荥阳松鹤[1]

[晋] 王韶之

荥阳[2]郡南有石室, 室后有孤松千丈, 常有双鹤, 晨必接翩[3], 夕辄偶[4]影, 传曰:昔有夫妇二人, 俱隐[5]此室, 年既数百, 化成双鹤。

[清] 沈铨《松梅双鹤图》(故宫博物院藏)

【品析】《神境记》中的这段文字记述了这样一则故事：荥阳郡的南郊，有一间石室，室后有一棵高达千丈的古松。常有两只鹤飞来停在松树上栖息。双鹤清晨比翼双飞，夜晚双宿双栖。相传当年有夫妇二人，来到这间石室中隐居修炼。这一对白鹤，便是他们得道飞升后的化形。晋代葛洪《西京杂记》中也有类似的故事："东都龙兴观有古松树，枝偃倒垂，相传云已经千年，常有白鹤飞止其间。"这则故事同样以古松、白鹤的形象组合构成一幅优美的图画，后来民间流行的《松鹤长春图》也许是从这类神异传说中演变而来。

松与鹤，在古人的观念里各具神异禀赋。松长青不朽，被称为"百木之长"（汉代司马迁《史记·龟策列传》）。鹤是长寿仙禽，被称为"羽族之长"（清代陈淏子《花镜》)，在传统观念中仙鹤是一种吉祥之鸟。松、鹤相生，于是有"千岁鹤依千年松"，将松与鹤联系起来的说法。

松柏之质[1]

[南朝·宋] 刘义庆

顾悦[2]与简文[3]同年，而发蚤[4]白，简文曰："卿何以先白？"对曰："蒲柳[5]之姿，望秋而落；松柏之质，经霜弥茂[6]。"

【注释】 [1]本文选自南朝宋刘义庆《世说新语·言语》。题目为编者所加。[2]顾悦：《晋书》作顾悦之。字君叔，晋陵人，官至尚书左丞。 [3]简文：晋简文帝，即司马昱。 [4]蚤：同"早"。 [5]蒲柳：一名水杨，质性柔弱，树叶早落；用来比喻体质羸弱。 [6]经霜弥茂：受霜雪的侵凌而更加茂盛。

【品析】《世说新语》是一部主要记述魏晋人物言谈轶事的笔记小说。由南朝刘宋宗室临川王刘义庆组织一批文人编写，梁刘孝标注，分为政事、文学、方正、德行、言语、雅量等三十六门，记述自汉末到刘宋时名士贵族的逸闻轶事、精神风貌和个性才情，是一部汇集中古文化的百科全书。

《世说新语·言语》所记的是士大夫得体的应对之辞，说得机智含蓄，得体简约。不仅说的人自以为得意，听的人也能加以欣赏。这里将简文帝比作高贵的松柏，不仅形象生动，而且含蓄得体，含义高远。顾悦的儿子顾恺之所作《顾恺之家传》提到，顾悦去见简文帝，顾悦的头发已经斑白，而简文帝却鬓发皆黑，问了顾悦的年纪，知道两人同龄，才有以上的对话。简文帝司马昱，在位两年，死时五十三岁，两人见面时都已过中年，发黑的显得神采奕奕，发白的人相对显得较衰老。顾悦以蒲柳比喻自己的早衰，以松柏形容简文帝的硬朗，是极佳的譬喻，这番话也得到简文帝的称赞。

早在《论语·子罕》中"松柏后凋"已经具有象征性的意义，魏时王昶则举"朝华之草，夕而零落；松柏之茂，隆寒不衰"来说明"物速成则疾亡，晚就则善终"，用朝开晚谢的草木和长青的松柏相对照，以表现事物的盛衰久暂。顾悦"蒲柳"与"松柏"的比喻，与此类似。顾悦借"蒲柳"的质性柔弱与树叶早落，来比喻自己体质的衰落，也暗喻身份的卑微;借"松柏"的岁寒长青，经霜愈茂，不但比喻简文帝的神采，也暗喻身份尊贵、人品高超。将抽象的道理具体化，将无形的赞美形象化，在华丽对称的骈偶句中，洋溢着天然的雅趣，颇具魏晋名流清音妙谈的意味。

培塿无松柏[1]

[南朝·宋] 刘义庆

王丞相[2]初在江左[3]，欲结援[4]吴人[5]，请婚陆太尉[6]。对曰："培塿[7]无松柏，薰莸[8]不同器[9]。"

【注释】 [1] 本文选自南朝宋刘义庆《世说新语·方正》。题目为编者所加。[2] 王丞相：指王导，东晋开国元勋。 [3] 江左：古时指长江下游以东的地区。[4] 结援：结交以为支援。 [5] 吴人：南北朝时对南人的称呼。 [6] 陆太尉：这里指陆玩，吴郡吴人，出身于江东的名门望族。 [7] 培塿：小土山。 [8] 薰莸（xūnyóu）：香草和臭草。 [9] 同器：装在同一个篮子里。

【品析】 公元317年，司马睿建都江南，一大批中原士族随之渡江南下。北人无奈渡江，有寄人篱下之感，所以，北人谦卑而南人傲慢。晋室南渡以后，东晋政权如何处理与江南大姓士族的关系，决定了其能否在江南站稳脚跟，政权能否巩固的问题。作为朝廷重臣的王导为了"结援吴人"，欲与江东大族陆玩联姻。吴人由于在西晋初年受到排挤，本来对北方士人就没有多少好感，这时更不愿意把他们放在眼里。陆太尉以"培塿无松柏，薰莸不同器"为由拒绝了王导。

"培塿无松柏，薰莸不同器"引用了两个典故。《左传·襄公二十四年》载郑国游吉说："部娄无松柏。"杜预注："部娄，小阜。松柏，大木。喻小国异于大国。"（部娄一作培塿）又《左传·僖公四年》载："一薰一莸，十年尚有臭。"《孔子家语·致思》载："回闻薰莸不同器而藏，尧桀不共国而治，以其异类也。"陆玩引用这些典故，表明对南迁士族的鄙夷态度，可见当时司马氏政权与江南地区被征服的豪门大族之间有很深的鸿沟。

栋梁之用[1]

[南朝·宋] 刘义庆

庾子嵩[2]目[3]和峤[4]："森森[5]如千丈松，虽磊砢[6]有节目[7]，施之大厦，有栋梁[8]之用。"

【注释】 [1]本文选自南朝宋刘义庆《世说新语·赏誉》。题目为编者所加。[2]庾子嵩：庾敳（ái），字子嵩，西晋名士。 [3]目：品评。 [4]和峤：西晋名士，字长舆，少有风格，珍重自爱，有盛名。 [5]森森：树木茂盛的样子。 [6]磊砢：树木多节的样子；形容性情、才华卓特。 [7]节目：树木枝干相接的地方和纹理纠结不顺的地方。 [8]栋梁：屋顶最高处的水平木梁，支承着椽子的上端；比喻能担负重任的人才。

【品析】 和峤出身名门世家，少年有才而气质不凡。后来做官时为政清廉，政绩突出，享盛名于朝野，深得百姓颂赞。但是和峤唯一的缺点就是吝啬异常，爱钱如命。所以庾子嵩评价和峤，好像高耸入云的千丈青松，虽然圪节累累，还是可以用作构筑大厦的栋梁。和峤死后，有人哭他："峨峨若千丈松崩。"

松柏自古以来就被当作大用之材。自先秦起，松柏木就被用于建造宗庙、宫殿。《诗经·商颂·殷武》："松桷有梴，旅楹有闲，寝成孔安。"《鲁颂·闷宫》："松桷有舄，路寝孔硕，新庙奕奕。"说的是以松柏木建成之的宫室、宗庙，高敞气派，清静安康。松柏之材，可以柱明堂而栋大厦。庾敳以"森森"之松喻和峤，既有高耸千丈的形象描绘，也有栋梁之用的才能比附，给人形神兼备的感受。栋梁之材的成语即由此而来。

寒木春花[1]

[南北朝] 颜之推

齐世有辛毗者，清干[2]之士，官至行台尚书，嗤鄙[3]文学，嘲刘逖云："君辈辞藻，譬若荣华[4]，须臾之玩，非宏材也；岂比吾徒十丈松树，常有风霜，不可凋悴[5]矣。"刘应之曰："既有寒木，又发春华[6]，何如也？"辛笑曰："可矣！"

【注释】　[1]本文选自南北朝颜之推《颜氏家训·文章篇》。题目为编者所加。[2]清干：清廉干练。　[3]嗤鄙：轻视，不屑。　[4]荣华：草木茂盛，开花。"华"是"花"的古字。　[5]凋悴：衰败憔悴。　[6]既有寒木，又发春华：就是寒木春华，指寒木不凋，春花吐艳，比喻各有优长。寒木，指松柏等耐寒的树木。春华，指春花。

【品析】《颜氏家训》是颜之推记述个人思想、经历、学识以告诫子孙的著作。是第一部体系宏大、内容丰富的家训，也是一部学术著作。作者颜之推，南北朝时期著名的文学家、教育家。《颜氏家训》是我国"家训"的开先河之作，被陈振孙誉为"古今家训之祖"，是我国古代家庭教育理论宝库中的一份珍贵遗产。历代学者对该书推崇备至，视之为垂训子孙以及家庭教育的典范。纵观历史，颜氏子孙在品德与学识方面不少人有突出表现，唐代注解《汉书》的颜师古，书法为世楷模的颜真卿，凛然大节、以身殉国的颜杲卿等，都令世人对颜家有深刻印象，更足以证明这部《颜氏家训》的效用。

《颜氏家训·文章篇》里讲述了这样一则轶事，齐代有个人叫辛毗的，是位清廉干练的士人，官至行台尚书。他轻视文学，嘲笑刘逖说："你们这些文人卖弄辞藻就像花草一样，只能供人赏玩片刻，不是栋梁之材，怎么能比得上我这样常遇风霜而不凋零的千丈松树呢？"刘逖回答说："如果既是栋梁之材，又能表现出如春花般的才情，怎么样？"辛毗笑了笑说："那就可以了！""既有寒木，又发春华"，意指经受严寒没有凋谢的树木，到了春天竞相吐妍的花朵，比喻内在和外在的优长都兼而有之。

颜之推引用这则轶事，意在说明理想的文章应该以义理格调为根本，以事典文辞为装饰，两者不可偏废。在他看来，古人的文章虽有宏材逸气，但过于简朴；当世文章和谐靡丽，却缺乏骨气。应当兼采古今，"以理致为心胸，气调为筋骨，事义为皮肤，华丽为冠冕"。这段文字通过辛毗和刘逖的辩论，形象地说明寒木春花可以兼得，文质并重的道理。

裴邃更生^[1]

[唐] 李延寿

（裴）之礼字子义，美容仪，能言玄理。为西豫州刺史。母忧居丧，唯食麦饭。邃庙在光宅寺西，堂宇弘敞，松柏郁茂。范云庙在三桥，蓬蒿^[2]不剪。梁武帝南郊^[3]，道经二庙，顾而叹曰："范为已死，裴为更生。"大同初，都下^[4]旱蝗，四篱门外桐柏凋尽，唯邃墓犬牙不入，当时异之。

【注释】[1]本文选自唐代李延寿撰《南史·裴邃传》。题目为编者所加。
[2]蓬蒿：野草。　　[3]南郊：帝王祭天的仪式。　　[4]都下：京都。

【品析】 裴邃，字渊明，河东闻喜（今山西闻喜县）人，南梁名将，深沉有思略，为政宽明，居身方正，有威重。裴邃的儿子裴之礼容貌俊美、仪表堂堂，善于谈玄论理。任西豫州刺史。母亲去世，服丧期间只吃麦屑做的饭。父亲裴邃庙在光宅寺西面，堂宇宽敞，松柏茂盛。范云庙在三桥，周围野草丛生。梁武帝南郊大祀时，路经两人的庙，叹息说："范云已死，裴邃再生。"大同初，京都发生旱灾蝗灾，各处篱笆门外的桐柏全部凋零，只有裴邃墓地松柏毫无影响，当时人们对此感到惊异。

东晋南朝时期盛行门阀制度，整个社会特别是世家大族都提倡孝道，重视后人对祖先的崇敬。六朝时期从帝王到民间都十分讲究居丧守孝，丧葬风气由俭入奢，建立家庙以纪念祖先成为一时风气。如《南史·裴邃传》载，裴邃死后，他的儿子裴之礼居丧能恪守孝道，将父亲的庙宇建的高大宽敞，周围松柏郁茂。而附近范云的庙后人却懒于打理，长满蓬蒿。梁武帝路经二庙，叹息说："范为已死，裴为更生。"由此可见，先人庙宇修整的状况，是后人是否孝敬祖先的一个重要标志。

裴之礼的孝道为他的儿子裴政所继承。颜之推的《颜氏家训》有这样一则记载："江左朝臣，子孙初释服，朝见二宫，皆当泣涕；二宫为之改容。颇有肤色充泽，无哀感者，梁武薄其为人，多被抑退。裴政出服，问讯武帝，贬瘦枯槁，涕泗滂沱，武帝目送之曰：'裴之礼不死也。'"江南的朝廷大臣去世后，他们的子孙在刚除去丧服的时候，如果去觐见天子和太子，都应当流泪哭泣；天子和太子也会为之动容。有些父母去世还肤色润泽，毫无哀痛表情的人，梁武帝鄙薄他们的为人，大多将他们降职贬谪。裴政除去丧服后，拜见梁武帝，面容憔悴消瘦，涕泪横流。梁武帝目送着他离去，说道："裴之礼没有死啊。"

弘景恋松 [1]

[唐] 李延寿

永元 [2] 初，更筑三层楼，弘景处其上，弟子居其中，宾客至其下。与物遂绝 [3]，唯一家僮得至其所。本便 [4] 马善射，晚皆不为，唯听吹笙而已。（弘景）特爱松风，庭院皆植松，每闻其响，欣然 [5] 为乐。有时独游泉石 [6]，望见者以为仙人。

【注释】 [1] 本文选自唐代李延寿撰《南史·陶弘景传》。 [2] 永元：南朝齐东昏侯萧宝卷的年号。 [3] 绝：隔绝。 [4] 便：擅长，善于。 [5] 欣然：非常愉快地；喜悦的样子。 [6] 泉石：泉水和山石，泛指山水。

【品析】 陶弘景，表字通明，晚年号华阳隐居，是南朝齐、梁时期的道教思想家、医药家、文学家。陶弘景三十六岁时辞官隐居江苏句容的茅山，盖了三层楼，他住在最上层，弟子在中层，客人在下层，与世事俗物隔绝。他特别喜欢听松涛之声，庭院里栽满了松树，每当听到风吹松树之声都会快乐起来。梁武帝知道陶弘景是个奇才，屡次想请他出山做官，陶弘景就画了两头牛让人带去呈给梁武帝。画中一牛散放在水草间，一牛则被加上了金笼，有人执着鞭子在驱赶它。武帝明白了意思，便不再勉强他。尽管如此，梁武帝还是常派人向他咨询国家大事，因此当时的人们称他为"山中宰相"。

陶弘景对松有特殊的感情，他在辞官归隐时作《解官表》，说自己"今便灭影桂庭，神交松友"。"桂庭"，指朝廷；"松友"，即以松为友，意思是隐居避世。在《水仙赋》中，陶弘景又说人"皆松下之一物"。"松"在魏晋时期是最常见的墓地树种，"松下一物"，是说人终究免不了一死，埋于松下。陶弘景特爱"松风"，他隐居的句容茅山道观至今仍松林郁郁。

陶弘景喜爱、留恋的不仅是松树、松风，对其而言，"松"代表的是不受羁累、自由适意的生活状态。后人常用此典以表现对隐逸生活的向往。唐代徐夤《忆旧山》曰："陶景恋深松桧影，留侯抛却帝王师。"这里以"陶景恋松"为喻，自述思念昔日隐居旧山之情。陶弘景和陶渊明作为隐逸者的代表，常被并提，如明代杨慎《白云岩为谢左溪赋》："风听弘景松，露采渊明菊。"引用弘景听松和渊明采菊的典故，来表现隐居生活之乐。宋代喻良能《次韵宋嗣宗梅花》曰："清如弘景松临阁，韵似渊明菊映篱。"这里以弘景松和渊明菊来衬托梅花，说梅兼有两者之长，既具松清洁高雅的品格，又有菊简淡家常的风致。

麈尾松[1]
[唐] 姚思廉

后主尝幸钟山开善寺，召从臣坐于寺西南松林下，敕[2]召讲竖义[3]。时索麈尾[4]未至，后主敕取松枝，手以属讲，曰："可代麈尾。"顾谓群臣曰："此即是张讥后事。"

【注释】 [1] 本文选自唐代姚思廉撰《陈书·张讥传》。题目为编者所加。[2] 敕：帝王的诏书、命令。 [3] 竖义：立议；建议。 [4] 麈（zhǔ）尾：以麈的尾毛做成的拂尘，可用来驱赶蚊蝇。魏晋时期成为清谈家拂秽清暑、显示身份的一种道具。麈，古书上指鹿一类的动物，其尾可做拂尘。

【品析】 南朝大儒张讥喜好玄言，性格恬淡。他对《周易》《尚书》《毛诗》《孝经》《老子》《庄子》等都有所阐释。据《南史·儒林传》记载，陈后主在东宫，集僚属宴饮，他拿着新制的玉柄麈尾说："当今虽复多士如林，至于堪捉此者，独张讥耳。"意思是说，当今虽然名士云集，但论学问能配得上执掌这柄麈尾的人，仅张讥一人。后主把玉柄麈尾授给张讥，认为只有他才有讲学问的资格。后主曾驾临钟山开善寺，召集群臣坐在该寺的西南松林下，诏召张讥讲经。这时索拿麈尾未到，后主敕取松枝，亲手给张讥，说"可代麈尾"。后主面对群臣说"此即是张讥后事"，意思是说，将来谁有了张讥的学问，才可执麈尾。

雨后松针图（视觉中国供图）

　　麈尾本是一种驱辟蚊蝇的工具，清谈家们为了显示自己的高雅风度，经常手执麈尾以助谈锋，故而麈尾就成了清谈名士们必携的道具，手挥麈尾也就成了清谈家的典型形象。麈尾以大鹿尾毛制成，据《资治通鉴·齐纪四》胡三省注引《名苑》说："鹿之大者曰麈，群鹿随之，皆视麈所往，麈尾所转为准。"麈是一种大鹿，据说麈与群鹿同行时，麈摇动着尾巴以指挥鹿群的行向。因此，清谈时手执麈尾的人往往是辩论者双方的领袖，名士谈玄时手执麈尾，意在显示其超越群伦、左右谈局的气度。《晋书·王衍传》载："王衍妙善玄言，唯谈《老子》《庄子》为事。每捉玉柄麈尾，与手同色。"晋哀帝岳父王濛"性和畅。能言理，辞简而有会"，是东晋时期著名的玄谈名士，被誉为风流之宗。谢安称赞他"语甚不多，可谓有令音"。他临死之前，在灯烛下反复把玩麈尾。死后，他的谈友刘惔根据他的遗嘱，将犀把麈尾置于棺中。由此可见麈尾在清谈家心目中的重要位置。

"麈尾"本是魏晋人谈玄说理时手中所执，是将兽毛、麻等扎成一束缚于象牙或木头等制成的长柄之上，清谈时挥动以助谈锋、展现风度的道具。因为松叶针状成束，生于枝上的形态和麈尾的造型有些类似，古人因以"麈尾"来喻松。晋代周景式《庐山记》有所谓"麈尾松"之说，隋炀帝杨广《北乡古松树》也说："独留麈尾影，犹横偃盖阴。"

松精成使者[1]

[五代·后唐] 冯贽

《金陵记》曰：茅山[2]有野人，见一使者异服[3]，牵一白羊，野人[4]问居何地，曰偃盖山[5]。随至古松下而没[6]，松形果如偃盖[7]，意使者乃松树精，羊乃茯苓[8]耳。

【注释】 [1]本文选自后唐冯贽编的《云仙杂记》卷四"松精成使者"。《云仙杂记》是五代时期一部记录异闻的古小说集，主要记录有关五代时期一些名士、隐者和乡绅、显贵之流的逸闻轶事。 [2]茅山：山名，位在江苏省句容东南，山有华阳洞。相传汉景帝时茅盈曾偕弟固、衷居此，故称为"茅山"。 [3]异服：奇特怪异、不合礼制的服装。 [4]野人：居处村野的平民。 [5]偃盖山：松的别称。 [6]没：隐藏，消失。 [7]偃盖：车篷或伞盖。喻指圆形覆罩之物。[8]茯苓：中药名。别名云苓、白茯苓。寄生在松树根上的一种块状菌，皮黑色，有皱纹，内部白色或粉红色，包含松根的叫茯神，可入药。

【品析】 老松素以长寿著称，有"木中之仙"的称谓。在民间信仰中，千年古松可幻化为人形，即"松精"。《云仙杂记》中的这段文字便记载了"松精"变幻成使者的故事：茅山有个村民，见到一位身穿奇异服装的使者，手中牵着一只白羊。村民问他住在哪里，回答说住在偃盖山。村民尾随他到一棵松树下就消失了，松的形状果然低偃如伞盖，这才意识到使者是松树精，白羊是茯苓变化的。

关于"松精"的传说在后来的小说中也时见描写。如宋代李昉《太平广记》所引《潇湘录》中关于书生贾秘的故事，唐顺宗时书生贾秘在古洛城边，见绿野中有数人环饮，"七人皆儒服，俱有礼"，这其实是七树精，当先一人即为松精，七人中松精首言其志，松为百木之长，故松精在众人中也表现得自信从容，矫矫不群。明代吴承恩《西游记》第六十四回"木仙庵三藏谈诗"中霜资风采的"劲节十八公"也是松树精，其出场时"一阵阴风，庙门后，转出一个老者，头戴角巾，身穿淡服，手持拐杖，足踏芒鞋"；与三藏谈诗论文时松精也是见解不凡，口吐珠玑，文采焕然。松精在民俗和文学中的出现，使得老松的仙寿形象益发生动传神、深入人心。

松柏成林 [1]

[五代·后晋] 刘昫等

余令少以博学知名，举进士。初授霍王 [2] 元轨府参军 [3]，数上词赋，元轨深礼之。先是，余令从父 [4] 知年为霍王友，亦见推仰 [5]。元轨谓人曰："郎氏两贤，人之望 [6] 也。相次 [7] 入府，不意 [8] 培塿 [9] 而松柏成林。"

【注释】 [1] 本文选自五代后晋刘昫等撰《旧唐书·郎余令传》。题目为编者所加。　[2] 霍王：李元轨，唐高祖李渊的第十四子。　[3] 参军：中国古代诸王及将帅的幕僚，官名。　[4] 从父：伯父、叔父的通称。　[5] 推仰：推重敬仰。[6] 望：瞻视，敬仰。　[7] 相次：依照次第。　[8] 意：料想，猜想。　[9] 培塿(lǒu)：也作"部娄"，小土丘。这里是说自己的府邸只是个小地方，是自谦之词。

【品析】 唐代的郎余令少年时就以博学闻名，很早考中了进士。最初被授予霍王李元轨幕僚的职务，曾多次向霍王进献词赋，深得李元轨的礼遇。在这之前，郎余令的叔父郎知年是霍王的好友，也很受推重敬仰。李元轨对人说，郎家叔侄两位都是受人景仰的贤才，却先后到我的府上，没想到我这个小地方能聚集这么多的人才。《左传·襄公二十四年》记载郑国游吉说："部娄（培塿）无松柏。"意思是小土丘长不出高大的松柏，松柏这样的大材一般都长在高山上。这里李元轨引用这个典故，是说自己的霍王府只是像"培塿"一样的小土丘，而郎余令和他的叔父都是像松柏一样的大用之才，他们先后来到霍王府辅助自己，真是幸事。

狄仁杰廷诤护法[1]

[宋]欧阳修、宋祁等

稍迁大理丞，岁中断久狱万七千人，时称平恕[2]。左威卫大将军权善才、右监门中郎将范怀义坐[3]误斧昭陵柏，罪当免，高宗诏诛之。仁杰奏不应死，帝怒曰："是使我为不孝子，必杀之。"仁杰曰："汉有盗高庙玉环，文帝欲当之族[4]，张释之廷诤[5]曰：'假令取长陵一抔土，何以加其法？'于是罪止弃市[6]。陛下之法在象魏[7]，固有差等[8]。犯不至死而致之死，何哉？今误伐一柏，杀二臣，后世谓陛下为何如主？"帝意解[9]，遂免死。

【注释】 [1]本文选自宋代欧阳修、宋祁等撰《新唐书·狄仁杰传》。题目为编者所加。 [2]平恕：持平宽仁，公平正义。 [3]坐：因……而被定罪。 [4]族：封建时代的一种残酷刑罚，一人有罪，把全家或包括母家、妻家的人都杀死。[5]廷诤：朝臣对国君的公开谏诤。 [6]弃市：古代于闹市执行死刑，并将尸体弃置街头示众。 [7]象魏：古代天子、诸侯宫门外的一对高建筑，亦叫"阙"或"观"，为悬示教令的地方。 [8]差等：区别等级。 [9]意解：怒气消去。

【品析】 狄仁杰是唐代杰出的政治家，经历了唐高宗与武则天两个朝代。狄仁杰为官，不畏权势、体恤百姓，敢于违背君主的旨意，居庙堂之上，以民为忧，后人称他为"唐室砥柱"。狄仁杰任大理丞期间，执法不阿、刚正廉明，一年中判决积压的案件一万七千件，当时人们都认为公平合理，一时名声大振，成为朝野推崇的除恶摘奸、断案如神的大法官。

为了维护法律制度，狄仁杰敢于犯颜直谏。左威卫大将军权善才、右监门中郎将范怀义因为误砍了皇家昭陵的柏树，罪当免职，唐高宗却下令处死。狄仁杰上奏，认为他们的罪不应处死。高宗听了大怒道："不杀他们会使我落个不孝的名声，因此一定要杀。"仁杰却进一步上奏说："汉文帝时有人盗窃高祖庙里的玉环，文帝要给予族诛，廷尉张释之当面诤谏，说：'假使有人盗取高祖长陵一抔土，那么怎么样用更重的刑罚去处罚呢？'汉文帝最后只把盗犯弃市。国家制定的法律，悬示在宫殿上，罪与罚都有明确的不同等级的规定，怎么能把不是死罪的人犯处以死罪呢？现在，陛下为了昭陵上的一棵柏树，杀两位大臣，后世的人将会把陛下说成是一个什么样的君主呢？"高宗这时怒气稍有缓和，于是免去了权善才和范怀义的死罪。过了几天，高宗授予狄仁杰侍御史的官职。

中国古代将侵犯皇家山陵宫阙的行为定为大罪。大臣权善才和范怀义误犯禁区，唐高宗发怒想要诛杀他们。狄仁杰作为当时的司法长官，敢于直谏，并坚持公正执法，高宗最后听取了他的意见。狄仁杰主张守法，不因皇帝一时的盛怒而加重刑罚。在专制时代，本来谈不到真正的法治，然而有道之君对国家的法律制度仍应该严格遵守，这样才能保证法律的公平正义。狄仁杰犯颜力争，正在于此。

七松处士 [1]

[宋]欧阳修、宋祁等

郑薰字子溥，亡乡里世系。擢[2]进士第，历考功郎中、翰林学士。出为宣歙观察使。……懿宗立，召为太常少卿，擢累吏部侍郎。……后以太子少师致仕。……既老，号所居为隐岩，莳[3]松于庭，号"七松处士"云。

【注释】[1]本文选自宋代欧阳修、宋祁等撰《新唐书·郑薰传》。题目为编者所加。 [2]擢：提拔，提升。 [3]莳（shì）：栽种，移植。

【品析】"七松处士"，典出《新唐书·郑薰传》，后世常用此典咏官员退隐，也借以咏松树。如宋代赵必象《水调歌头·寿梁多竹八十》曰："好与七松处士，更与梅花君子，永结岁寒知。"梁氏名字有"竹"字，词中用"七松处士"切松，用"梅花君子"切梅，组成岁寒三友，用来衬托梁多竹，称美他的品质高洁。又作"青松处士"，如元代陈天锡《西坡即事》曰："人境得佳趣，青松处士家。""七松处士"常与"五柳先生"并提，如宋代文同《闲书》曰："逐出堪羞子溥，归来可重渊明。试问七松处士，何如五柳先生。"明代韩雍《松轩为陈詹事安简乃弟题》曰："双树亭亭荫荜门，隐君难与世人论。七松处士遗风在，五柳先生旧业存。"郑薰与陶渊明都是隐者的典范。

并禁月明[1]

[宋]欧阳修

茂贞居岐[2]，以宽仁爱物，民颇安之。尝以地狭赋薄，下令榷[3]油，因禁城门无内[4]松薪，以其可为火炬也，有优者[5]诮[6]之曰："臣请并禁月明。"

【注释】[1]本文选自宋代欧阳修撰《新五代史·李茂贞传》。题目为编者所加。 [2]岐：五代十国时期以凤翔为中心于现在陕西、甘肃、四川地区的割据政权，由李茂贞建立。唐朝光化四年（901），在黄巢之乱后任凤翔节度使的李茂贞又被唐昭宗晋封为岐王。 [3]榷（què）：专卖。 [4]内（nà）：古同"纳"，收入；接受。 [5]优者：古代指演剧的人。 [6]诮（qiào）：责备。

【品析】 李茂贞（856—924），原名宋文通，字正臣，深州博野（今河北蠡县）人。唐末至五代时期藩镇、军阀。李茂贞性情宽容，对待军民都很随和，又很有智略。居岐的时候，因为土地狭小，府库空虚，他便下令实行油的专卖，还禁止松枝入城，怕百姓用它点火把当灯用。有个伶人大胆地讥讽他："臣请一块禁月亮之光。"李茂贞笑了笑，没有发火。后来人们就用"禁月明"讽刺当政者禁令烦苛、不合理。

莱公柏[1]

[宋]王辟之

寇莱公[2]知巴东县，尝手植双柏于县庭，至今民比甘棠[3]，谓之莱公柏。后失火，柏与公祠俱焚。明年，莆阳郑赣来为令，惜公手植，乃种凌霄于下，使附干而上，以著公之遗德，且慰邦人之去思云。

【注释】[1]本文选自《全芳备祖》引宋代王辟之《渑水燕谈录》。题目为编者所加。 [2]寇莱公：北宋政治家莱国公寇准。字平仲。 [3]甘棠：棠梨的别名。

【品析】 寇准是宋太平兴国五年（980）进士，次年外放巴东任知县。寇准在巴东县，跋山涉水，体察民情，了解百姓疾苦。他上奏朝廷，请求减轻农民赋税;劝农稼穑,将中原先进的农耕技术传授给当地人,使巴东"无旷土、无游民",政通人和,百业兴旺,社会安定。寇准在县衙门前亲手植下的双柏,被当地人比为"甘棠"。

"甘棠"出自《诗经·召南·甘棠》:"蔽芾甘棠,勿剪勿伐,召伯所茇。蔽芾甘棠,勿剪勿败,召伯所憩。蔽芾甘棠,勿剪勿拜,召伯所说。"这首诗中的召伯是西周初期的政治家姬奭,他曾辅佐周文王灭商,支持周公东征平乱。据汉代司马迁《史记·燕召公世家》记载,召伯南巡,所到之处不占用民房,就在甘棠树下搭个棚子听讼决狱,受到了当地老百姓的爱戴。后遂用"甘棠""召公棠""棠政""召棠"等称颂惠政及官吏的惠施惠行。由于寇准为官清正,尽心竭力,深受百姓拥戴,人们睹物思人,思人爱物,因此将那两株柏树比为"甘棠",又因为寇准曾被封为"莱国公",所以人们又尊称那两株柏树为"莱公柏"。

松柏之志 [1]

[宋]《海录碎事》

宗世林 [2] 薄 [3] 曹操为人,不与之交。后操作司空 [4],总朝政,问宗曰:"可以交未?"答曰:"松柏之志犹存。"以忤 [5] 旨见疏 [6],位不配 [7] 德。

【注释】[1]本文选自宋代叶廷珪《海录碎事·人事》。题目为编者所加。[2]宗世林:东汉末年南阳人,原名宗承,字世林,以德行为世人所重。[3]薄(bó):轻视。 [4]司空:官名,是三公之一。 [5]忤:逆,不顺从。[6]见疏:被疏远。 [7]配:够得上。

【品析】《海录碎事》是一部中型类书,为读者提供检索词语典故之便;书中保留的宋代以前的散佚古书片段,可用于辑佚;所引诗文,对校勘古书也有一定参考价值。

"松柏之志"指坚贞不屈的志节,不因他人权势而交往。宗世林因看不起曹操的为人,所以尽管曹操多次请求跟他做朋友都遭到拒绝。后来曹操当了大官,宗世林也仍然坚持他的"松柏之志",表现出了坚贞不屈的精神。这让曹操很没面子，于是就故意疏远排挤，给他安排很低的官职，和他的才华德行都不相配。宗世林知道曹操在报复他，却不以为意，尽管如此，曹操也不得不尊重宗世林的人格。

木长官

[宋]《咸淳临安志》

于潜牧岭上有古松一本，错盘奇怪。尝有兄弟阋墙[1]，欲讼于有司[2]，夜行憩其下，迟明[3]辨色相视，乃伯仲[4]也，遂各悔咎，息争而还，因名松为"木长官"。

【注释】 [1]阋（xì）墙：语本《诗经·小雅·常棣》："兄弟阋于墙，外御其务。"比喻兄弟相争，引申为国家或集团内部的争斗。 [2]有司：指官吏。古代设官分职，各有专司，故称。 [3]迟明：天将亮的时候。 [4]伯仲：兄弟之间的老大和老二。比喻事物不相上下。

【品析】 于潜牧岭上有一株古松，盘曲交错，形态奇怪。当地曾经有兄弟相争，一起去找地方官吏打官司。两人夜里走到这株古松下面休息，天将亮的时候，看到古松枝叶相交相亲，原来是同根而出的伯仲树。两人看到后心里受到触动，伯仲树的宽厚友爱，相比自己兄弟相争的行为，两人都后悔自责。于是兄弟俩不再争斗，一起回家去了。因为古松平息了民间诉讼，于是人们称它为"木长官"。

松萝共倚[1]

[元]王子一

我等本待和他琴瑟[2]相谐，松萝[3]共倚[4]。争奈尘缘[5]未断，蓦地[6]思归。

【注释】 [1]本文选自元代王子一《误入桃源》。题目为编者所加。 [2]琴瑟：比喻夫妻感情和睦。如《诗经·周南·关雎》："窈窕淑女，琴瑟友之。"《诗经·小雅·常棣》："妻子好合，如鼓琴瑟。" [3]松萝：松萝科松萝属，长达数尺，全体呈淡黄绿色，常攀附于其他植物上生长，自树梢悬垂，可入药。[4]倚：靠着。 [5]尘缘：世俗的关系。 [6]蓦地（mò）：陡然。

【品析】 "松萝共倚"的典故出自元代王子一《误入桃源》第二折。该曲原名《刘晨阮肇误入桃源》，简称《误入桃源》，写东汉人刘晨、阮肇因天下大乱，不愿为官，入山采药，遇仙女结为夫妇的传说故事。

蔓生植物通过自身的茎攀附其他树木，这在自然界中是一种很常见的生存现象。菟丝、女萝之类的蔓生植物一旦找到附着物，很少再另投他主，因此在我国古代的诗文中，往往用以比喻男女之间坚定不移的爱情。《诗经·小雅·颊弁》说："茑与女萝，施于松上。"女萝多附生于松树，"松萝共倚"指像松与萝那样相互依存，比喻夫妇和睦融洽。

海外见闻[1]

[明] 于慎行

嘉靖中，海丰有渔子数人驾舟入海，忽为飓风[2]所漂，泊一绝岛[3]，……（见）其人皆椎结[4]袒裼[5]，网木叶为裳，面目黧黑，肌肤如枯，睢睢盱盱[6]。见渔子入，相顾惊笑，语不可解，稍前逼之，辄走不敢近。……已而[7]取柏叶食之，亦将以授[8]渔子使食。渔子始泊，舟有余鱼，已而鱼尽，苦饥不得已，从之食。食久益甘，而其人亦稍狎[9]，相与游处，但语不通耳。……一日，飓风大至，飘返故岸。

【注释】 [1]本文选自明代于慎行《谷山笔麈》。题目为编者所加。于慎行（1545—1608），字可远、无垢，东阿（今属山东）人。官至礼部尚书。 [2]飓（jù）风：来自海上的狂风。 [3]绝岛：远隔海外的孤岛。 [4]椎结：梳着锥形的发髻。 [5]袒（tǎn）裼（xǐ）：脱去外衣，露出里衣。 [6]睢睢盱（xū）盱：浑厚淳朴的样子。 [7]已而：过了不久，然后。 [8]授：给，与。 [9]狎（xiá）：亲近而态度不庄重。

【品析】　所选内容描写了海丰县渔夫一次出海的意外经历。明代嘉靖年间，海丰县有几个渔夫乘船入海，被狂风吹到一个远隔海外的孤岛上。看到岛上的人都梳着锥形的发髻，穿着树叶缀成的衣裳，面目黝黑，身材好似枯槁，看上去浑厚淳朴。看到进入岛上的渔夫，这些人相视惊笑，说着一些听不懂的话。稍微离他们近一点，就转身跑远了。过了不久，他们取来柏叶吃，也把柏叶递给渔人吃。渔夫刚到岛上的时候，船里还有剩下的鱼吃。不久鱼吃完了，实在饿得受不了，就跟岛上的人一起吃柏叶。吃得久了，就觉得柏叶很甘甜，岛上的居民跟渔夫逐渐亲近，和他们一起生活相处，只是语言还不通。一天又刮起了狂风，渔夫们又乘船被风送回原来居住的岸边。

在与外界隔绝的孤岛上，柏叶成为人们赖以充饥的救命物。国人以松柏为食由来已久，如《古艳歌》："行行随道，经历山陂。马啖柏叶，人啖松脂。不可常饱，聊可遏饥。"《太平御览》卷九五三引《博物志》逸文："荒乱不得食，可细切松柏叶，水送令下，随能否，以不饥为度，粥清送为佳。当用柏叶五合，松叶三合，不可过度。"《晋书·苻坚载记》："慕容冲进逼长安……苻丕在邺，粮竭，马无草，削松木而食之。"正如小南一郎在《中国的神话传说和古小说》一书中所说："这里所叙述的不是对超现实的神仙长生的关心，而是在现实中如何度荒年求生存的追求。"

九里松[1]

[明] 张岱[2]

九里松，唐刺史袁仁敬[3]植。松以达天竺，凡九里，左右各三行，每行相去八九尺。苍翠夹道，藤萝冒[4]涂，走其下者，人面皆绿。行里许，有集庆寺，乃宋理宗所爱阎妃功德院[5]也。淳祐[6]十一年建造。阎妃，鄞县人，以妖艳专宠后宫。寺额皆御书，巧丽冠于诸刹。经始时，望青采斫，勋旧[7]不保，鞭笞追逮，扰及鸡豚[8]……

【注释】 [1] 本文选自明代张岱《西湖梦寻》卷二"集庆寺"。题目为编者所加。 [2] 张岱（1597—1689）：字宗子，一字石公，号陶庵，浙江山阴（今浙江绍兴）人，明清之季史学家、文学家，以小品文见长，著有《陶庵梦忆》《西湖梦寻》《琅嬛文集》《石匮书》等。 [3] 袁仁敬：开元中为杭州刺史，行前，玄宗赐诗并诏宰相、诸王送于洛滨。 [4] 冒：覆盖，笼罩。 [5] 功德院：为祈福而捐造的寺院。 [6] 淳祐：宋理宗年号（1241—1252）。 [7] 勋旧：有功勋的旧臣。 [8] 鸡豚：平民之家的琐事。

【品析】《西湖梦寻》成书于清康熙十年（1671），是一部介绍西湖地理、掌故的著作，同时也是一部专以西湖为描写对象的风俗记和山水记。书以"梦"命名，寄托着张岱真挚深沉的情思，洋溢着浓郁的人文气息，是晚明清初小品文的代表作品。

这段文字，记录了在西湖发展史上，一次大兴土木破坏自然景观的恶性事件。开元十三年（725），唐刺史袁仁敬守杭，发动郡民种植松树，由洪春桥以达下天竺，共九里。左右各三行，每行相距八九尺，苍翠夹道，宏柯蔽天，行走其下，人面皆绿。人称"九里松"。九里松原是西湖名胜，后来南宋理宗为妃子在此建功德院，采伐林木无数，从此万绿化为乌有。明代陈玄晖《集庆寺》诗云："昔日曾传九里松，后闻建寺一朝空。"晚明的张京元也曾有过好景不常在的感叹，他在《九里松》一文中写道："九里松者，仅见一株两株，如飞龙劈空，雄古奇伟。想当年，万绿参天，松风声壮于钱塘潮，今已化为乌有。"在中国历史上，毁坏山林、建寺院、造宫殿、修陵墓，严重破坏生态环境和自然景观的事件，多不胜数，九里松的湮灭只是其中的一例。

"九里松"作为曾经的西湖名胜，在文学作品中屡被提及，如明代徐熥撰《闻人仲玑卜居西湖诗以寄之》曰："兰桡竹杖频来往，十里荷花九里松。"明代虞淳熙《代石言》曰："灵竺名胜，惟九里松、飞来石，天下奇观。"明代谢肇淛《南归赋》曰："六桥柳色，九里松声，辟车骢马，画舸朱铃……""九里松"成为旧时杭州的标志，乃至江南风物的代表。

七星松[1]

[清] 屈大均

罗浮[2]七星坛下，旧有七星松[3]甚怪。尝化为剑客，从道士邹葆光入朝，见帝凝仙殿。又化道士七人，往来山下。

【注释】 [1]本文选自清代屈大均《广东新语》卷二十五《木语》"松"条。题目为编者所加。《广东新语》成书于屈大均晚年，是一部有价值的清代笔记。全书共二十八卷，每卷述事物一类，即所谓一"语"，内容广博庞杂，与一般的地方志不同。《广东新语》记载了许多有关广东物产民俗方面的材料，对于研究明清之际的文化史、经济史、风俗史等，具有相当重要的价值。正如潘耒所称："游览者可以观土风，仕宦者可以知民隐，作史者可以征故实，摛词者可以资华润……善哉，可以传矣！" [2]罗浮：罗浮山，有"岭南第一山"之称，位于广东省博罗县北。罗浮山是道教名山，被誉为十大洞天之第七洞天、第三十四福地。[3]七星松：奉宸桥南有七株古松，直上霄汉，仙灵常此憩息，故名。

【品析】 关于罗浮七星坛下七星松化人的传说，在岭南广为流传。据《罗浮志》记载："罗浮奉宸桥南有古松七株，上凌霄汉，仙灵常此憩息。邹葆光有道术，宣和中召至凝神殿，有七人从之，倏不见，上问为谁。葆光对曰：'臣居山，常习剑术，此七人者，古松也。'上昇之。"清代的屈大均在笔记和诗文中都曾描写过这个故事。在《从轩辕宅入迷居洞》一诗中他写道："昨宵逢道士，疑是七星松。"

在富于幻想力的古人眼里，事物可以不受具体形态的限制，动植物之间、动植物和人之间是可以互相转化的。这种观念在道教中特别流行，如《抱朴子内篇·对俗》引《玉策记》称："千岁松树，四边披越，上杪不长，望而视之，有如偃盖。其中有物，或如青牛，或如青羊，或如青犬，或如青人，皆寿万岁。"五代道士谭峭在《化书·道化篇》中专门讨论万物之间的幻化："道之委也，虚化神，神化气，气化形，形生而万物所以塞也；道之用也，形化气，气化神，神化虚，虚明而万物所以通也。"认为道是万事万物存在和变化的本源，万物由虚化生，又化为虚。世间变化无穷，皆出于道，世界时刻都在变化之中。

柏梁台[1]

[清] 张澍

以香柏为梁也，帝尝置酒其上，诏群臣和诗，能七言诗者乃得上。

【注释】 [1] 本文选自清代张澍编辑的《三辅旧事》。题目为编者所加。

【品析】 柏梁台，汉武帝时建立，以香柏为梁，所以称为"柏梁台"。《三辅黄图》卷五"台榭"记载了柏梁台的修建时间和地点："柏梁台，武帝元鼎二年春起。此台在长安城中北关内。"《汉书·武帝纪》也记有柏梁台的修建时间："元鼎元年夏五月，赦天下，大酺五日。得鼎汾水上。济东王彭离有罪，废徙上庸。二年冬十一月，御史大夫张汤有罪，自杀。十二月，丞相青翟下狱死。春，起柏梁台。"两本书记载的时间是一致的，也就是武帝元鼎二年（前115）春，柏梁台修建成功。

《三辅旧事》，清代张澍编辑。原书已散佚。张澍据《三辅黄图》《太平御览》《北堂书钞》和宋敏求《长安志》等著作中有关记载，辑为是书，保存了秦汉时长安及其附近地区宫殿、桥梁建筑、长安城内情况及掌故的一些原始资料，收入《二酉堂丛书》。《三辅旧事》中记述了武帝置酒柏梁台上，召集群臣和诗，能赋七言诗的人才能登台，登柏梁台赋诗成为很大的荣耀。后人称这种每句押韵的七言古诗为"柏梁体"，并常用这一典故形容君臣饮宴赋诗。用典形式多样，有"柏梁赋诗"，如唐代李峤《汾阴行》："柏梁赋诗高宴罢，诏书法驾中河东。""柏梁高宴"，如清代纳兰性德《秋日送徐健庵座主归江南》曰："天下文章重往时，柏梁高宴待题诗。""赋柏梁"，如宋代刘筠《休沐端居有怀希圣少卿学士》："思君只欲倾家酿，待警同谁赋柏梁。""高宴柏梁"，如宋代刁衎《汉武》："高宴柏梁词可仰，横汾箫鼓乐难穷。"唐代李世民《春日玄武门宴群臣》："驻辇华林侧，高宴柏梁前。""宴柏梁"，又如李世民《宴山中》："回首长安道，方欢宴柏梁。"

松柏荣枯[1]

[清] 曹雪芹

你们那里知道，不但草木，凡天下之物，皆是有情有理的，也和人一样，得了知己，便极有灵验的。若用大题目相比，就有孔子庙前之桧、坟前之蓍[2]，诸葛[3]祠前之柏，岳武穆[4]坟前之松。这都是堂堂正大随人之正气，千古不灭之物。世乱则萎，世治则荣，几千百年了，枯而复生者几次。这岂不是兆应[5]？

【注释】 [1]本文节选自清代曹雪芹《红楼梦》第七十七回"俏丫鬟抱屈夭风流，美优伶斩情归水月"。题目为编者所加。 [2]蓍（shī）：多年生草本植物，全草可入药，茎、叶可制香料。 [3]诸葛：这里指三国时期的诸葛亮。 [4]岳武穆：指南宋爱国将领岳飞，武穆是他的谥号。 [5]兆应：预兆，应验。

【品析】 关于树木枯荣，征兆吉凶，这种观念由来已久，五代王仁裕《开元天宝遗事·枯松再生》记："明皇遭禄山之乱，銮舆西幸。禁中枯松复生，枝叶葱茜，宛若新植者。后肃宗平内难，重兴唐祚，枯松再生，祥不诬矣。"《红楼梦》中怡红院台阶下好好的一株海棠花竟无故死了半边，宝玉认为这是府里会有异事发生的征兆。之后不久，晴雯被逐出贾府，生命垂危，宝玉认为海棠花枯萎是应验在了晴雯身上，是晴雯性命不久的预兆，于是说出了这一番大道理。他以孔子庙前的桧树、孔子坟前的蓍草、诸葛武侯祠前的柏树以及岳飞坟前的松树为例，这些草木随人的正气而生生不息，千百年来乱世枯萎、盛世复活，成为世道治乱的表征。

草木枯荣在民俗观念中往往被理解为人事兴衰、世道治乱的象征，体现出"天人感应"观念对古代民间意识影响深远。

价值意义篇

松柏生性耐寒，四时常青，枝干峭拔，在暗示、象征主体理想人格上有着得天独厚的优势，先后形成了岁寒后凋、坚贞有心、孤直不倚、劲挺有节等精神内涵，成为文化中阳刚坚贞的传统经典和君子人格的最佳象征。

在以儒家为主导的中国文化中，有"比德"之传统，即将价值理念、人格理想等赋予具体的事物。松柏不畏严寒，品性贞刚，天然具备能暗示、象征主体品格内涵的特征，因此成为中国文学中常见的"比德"之象。松柏比德源远流长，先秦时是有道君子的象征，魏晋六朝时又成为名士风度节操的体现，唐代被托喻为渴望材用又个性鲜明的文士，宋代是士大夫完美人格的象征……在每一时代，松柏人格象征主流的都是有道义、有气节、高瞻远瞩、勇于担当、以天下为己任的社会中坚力量，松柏的气节操守更成为各个时代人们人格自励的动力源泉。

一、松柏的形象特征

松柏最显著的一个物理特征就是四时常青，不像一般树木那样随季节变化而春荣秋零。松柏的树叶并非不凋，只是生长期长，脱换时又新旧相互交替，一般要在新叶发生以后，老叶才次第枯落，就全树看来好像不落叶一样，所以使人有冬夏常青的感觉。松柏不畏霜雪，天愈寒色愈转苍翠。树干坚韧挺拔，即使一株独秀，也可成为一道独特的风景。松柏柯叶浓密，连片成林后愈加幽深阴暗，文人笔下的松柏林，给人最鲜明的感受可概括为"清"与"冷"。松柏林在月下、水边、雨中、风中、雪后，各有风姿，令人赏之不足。松柏的形象特征，是其精神象征的物质基础。

松是植物中鲜有的以声扬名者。明代刘基《松风阁记》首段详述了"松"与"风"最相宜的道理。松风，又称"松涛"，其声宏大劲健，令人闻之振奋，又有着清逸高华的美感，因而获得文人普遍的喜爱。风起松鸣，与水相和，月映水光，与松色交融，构成自然中的一大妙境。松风、水、月有着清幽绝尘的共同特点，三者遇合，创造出更加动人的氛围。松风水月之洁净高华正是文人清高雅洁人格意趣的绝好写照。

夏日山中

[唐] 李白

懒摇白羽扇，裸袒青林中。脱巾挂石壁，露顶洒松风。

【品析】 松风常与明月、清泉为伴，与白云、飞鸟为伍，自由随意、无拘无束的特点使得松风常常成为文人自由超逸情怀的物象指征。李白笔下的松风就是一个典型的例子。在这首诗歌中，山间松风是李白追求自由、向往自然的情怀心性的物象指征，裸袒青林、脱巾露顶的任诞行为是李白放旷不羁个性的外在体现。后人对李白这一颇具魏晋风度的举动是持肯定和欣赏态度的，宋代胡仔《苕溪渔隐丛话》曰："余尝爱李太白《夏日山中》诗'脱巾挂石壁，露顶洒松风'，其清凉可想也。"宋代曾季狸《艇斋诗话》指出："韩子苍《太一真人歌》云'脱巾露顶风飕飕'，'脱巾露顶'四字出李白诗'脱巾挂石壁，露顶洒松风'。"张炎《临江仙》（太白挂巾手卷）一词中有"石壁苍寒巾尚挂，松风顶上飘飘"之句。宋代刘辰翁有《夏景·露顶洒松风》之诗。可见，"露顶洒松风"作为自由不羁的象征已被普遍认同，成为具有固定意义的事典。宋代曾几《松风亭四首·其四》曰："清风一披拂，竽籁自然作。喧嚣世俗事，只使人意恶。"宋代刘克庄《解连环·戊午生日》曰："拣人间、有松风处，曲肱高卧。""松风"意象代表的都是回归自然、修养身心，与红尘俗事隔绝，和儒家用世远离的生活方式。

有时"松风"直接作为功名富贵的对立面出现，如孟郊《游终南山》："长风驱松柏，声拂万壑清。到此悔读书，朝朝近浮名。"皮日休《寒日书斋即事三首·其三》："暂听松风生意足，偶看溪月世情疏。如钩得贵非吾事，合向烟波为五鱼。"唐代张令问《寄杜光庭》："试问中朝为宰相，何如林下作神仙。一壶美酒一炉药，饱听松风白昼眠。""松风"与"浮名""得贵""宰相"相对而立，象征的是超凡出尘、自得自适的人品格调和人生境界。

松下雪

[唐]司空曙

不随晴野尽，独向深松积。落照入寒光，偏能伴幽寂。

松下雪（张振国摄）

【品析】 司空曙（720—790），字文初，广平（今河北永年）人，唐朝诗人，"大历十才子"之一。

松与雪堪称绝配，雪后青松愈显苍翠，愈见精神。松雪之美六朝时就在诗人笔下得以展现，南朝宋颜延之《赠王太常》诗有"山明望松雪"之句，"明"字状雪后松林的耀眼洁白之状。

司空曙的这首《松下雪》不仅再现雪后松林之景，还以松雪寄托个人情志：雪后初晴，松林上的积雪还未融化，夕阳照耀在松雪之上，余晖中仿佛夹带着寒气。着一"伴"字，使得松雪具有了人的思想情趣，似乎甘与松林同守寂寥。全诗以松下雪为喻，赞隐者甘于寂寞、洁身自持。

风入松

[唐]皎然

西岭松声落日秋，千枝万叶风飀飀。美人援琴弄成曲，写得松间声断续。声断续，清我魂。流波坏陵安足论，美人夜坐月明里。含少商[1]兮点清徵[2]，风何凄兮飘飀[3]。搅寒松兮又夜起。夜未央[4]，曲何长，金徽[5]更促声泱泱[6]。何人此时不得意，意苦弦悲闻客堂。

【注释】 [1]商：五音之一，七弦古琴的第七弦。 [2]清徵（zhǐ）：清澄的徵音。徵，五音之一。 [3]飀（liáo）：疾风声。 [4]未央：未已，未尽。 [5]金徽：琴上系弦之绳；指用金属镶制的琴面音位标识。借指琴。 [6]泱泱：宏大的样子。

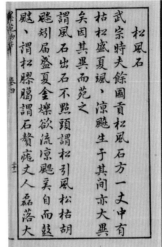

"松风石"，出自明代程大约编、丁云鹏等绘《程氏墨苑》，明万历年间程氏滋兰堂刊彩色套印本

【品析】 皎然，唐代诗僧。生卒年不详。俗性谢，字清昼，吴兴（今属浙江）人，南朝谢灵运十世孙。活动于大历、贞元年间，有诗名。其诗清丽闲淡。

松风是主要通过听觉来感知的天籁，最适合用音乐来表现，松风的雄壮、强劲、萧瑟、清雅的美感都可以在音乐中得到淋漓尽致的表现。松风与音乐有很深的渊源，从晋代嵇康创作《风入松》古琴曲以来，松风一直是音乐表现的题材，宋元以后，风入松成为词牌、曲牌名，保持了与音乐的密切联系，松下弹琴也成为文学、绘画作品经常表现的题材。

据宋代郭茂倩所编《乐府诗集·风入松歌》题解，《风入松》为晋代嵇康所作。《风入松》以弦乐模拟松风的自然之音，开创了松风与音乐关系的先河，古辞今不传。现存传谱中的歌词作者为唐代僧皎然，内容主要描写月夜弹琴如风吹松林的声音，表现的是风动寒松、木叶飘摇的艺术情境，合题名"风入松"之意。《长松标》，清商曲辞西曲歌篇名。《乐府诗集·清商曲辞六》保存无名氏《长松标》一首："落落千丈松，昼夜对长风。岁暮霜雪时，寒苦与谁双。"《古今乐录》说："《长松标》，倚歌也。"倚歌，古代乐歌的一种，伴奏有鼓吹而无弦乐。

唐代刘长卿《幽琴》诗中的"松风"也指《风入松》古琴曲："月色满轩白，

琴声宜夜阑。飕飕青丝上，静听松风寒。古调虽自爱，今人多不弹。向君投此曲，所贵知音难。"穆如松风的琴声虽然高雅，毕竟已过时了，唐宋的流行乐是燕乐，它吸收了胡乐成分，是一种以琵琶为主要伴奏乐器、有歌有舞、杂"胡夷里巷之乐"的俗乐，能满足日常娱乐的需要，有着鲜明的时代风格。刘长卿在这里借古调失时抒发才不得用的身世之悲。宋代黄庭坚《听宋宗儒摘阮歌》说："我有江南一丘壑，安得与君醉其中，曲肱听君写松风。"陆游《欲卜庵居未有胜地作诗识之》说："会向巢居明月夜，五弦横膝写松风。"说明了松风在宋代依然是音乐表现的对象。宋元时期，风入松成为词牌、曲牌名，保持了与音乐的密切联系。如《续资治通鉴·宋太宗至道元年》："宰相问曰：'新曲何名？'文济曰：'古曲《风入松》也。'"又如明代高明《琵琶记·琴诉荷池》："两个夫妻正和美，说甚么宫怨，相公，当此夏景，只弹一曲《风入松》好。""风入松慢"，元杂剧曲牌名，如《牡丹亭·硬拷·风入松慢》："无端雀角土牢中。是什么孔雀屏风？一杯水饭东床用，草床头绣褥芙蓉。天呵，系颈的是定昏店，赤绳羁凤；领解的是蓝桥驿，配递乘龙。"直至现代阿炳的《听松》，用二胡来表现惠山泉松声的壮美，松风再一次成为音乐的主题。

双管齐下

[唐] 朱景玄

张璪员外，衣冠文学，时之名流。画松石、山水，当代擅价。惟松树特出古今，能用笔法。尝以手握双管，一时齐下，一为生枝，一为枯枝。气傲烟霞，势凌风雷，槎枒之形，鳞皴之状，随意纵横，应手间出。生枝则润含春泽，枯枝则惨同秋色。

【品析】 本文选自《唐朝名画录》，系唐代朱景玄撰，是已知中国最早的一部断代画史。

张璪，字文通，吴郡（今江苏苏州）人，唐代画家。张璪在绘画技法上受王维影响较大，工画松石。张璪画松时双笔齐下，同时画出生枝和枯枝，枯枝桀骜不群，生枝春意盎然，纵横交错中呈现出奇异诡绝之美。同时使用两支画笔，任意挥洒，这正是"双管齐下"典故的由来。唐代符载在《观张员外画松石序》里描写张璪画松石的过程：一开始"箕坐鼓气，神机始发"，然后，"若流电激空，惊飚戾天。摧挫斡掣，拏霍瞥列。毫飞墨喷，捽掌如裂，离合惝恍，忽生怪状"；及至画成，"投笔而起，为之四顾，若雷雨之澄霁，见万物之情性"。这一段描绘可谓精彩传神，从中可以看出张璪作画时笔势激越、英姿飒爽，以及笔下松树怪奇突兀的姿态。唐代张彦远在《历代名画记·论画山水树石》这样评价："树石之状，妙于韦偃，穷于张璪。"

记游松风亭（节选）

[宋] 苏轼

余尝寓居惠州嘉祐寺，纵步松风亭下，足力疲乏，思欲就[1]亭止息。望亭宇尚在木末[2]，意谓是如何得到？良久，忽曰："此间有甚么歇不得处？"由是如挂钩之鱼，忽得解脱。

【注释】[1] 就：就近，接近。　[2] 木末：树枝的枝梢。指在高处。

【品析】宋哲宗绍圣元年（1094），苏轼被贬为宁远军节度副使。十月，苏轼到达惠州，寄居在嘉祐寺，在游览嘉祐寺附近的松风亭时写下这篇文章。作者在惠州的嘉祐寺里寄住时，散步走去松风亭下，觉得非常疲惫，想要到树林中停下休息。抬头望见亭宇的屋檐还在树梢之后，想着什么时候才能走到那里。很久之后突然想到："这里有什么不能歇息的？"于是就像被鱼钩挂住的鱼，突然得到了解脱。苏轼阐述的是随遇而安的人生道理。

自宋代始，以"松风"命名的亭台楼阁等人工景观不胜枚举。宋代梅尧臣、曾几、苏过、晁公遡、叶适、赵良生、董天吉、曹翊、李曾伯、朱敦儒，元代蒲道源、许有壬，明代吴鹏等都有关于"松风亭"的专门题咏；宋代黄庭坚、姚勉、释居简、薛嵎、裘万顷，元代戴表元，明代刘基、宋濂等都有以"松风阁"为题的诗文传世；宋代刘宰，元代刘仁本、杜本等都有题"松风轩"之作；宋代徐玑，元代顾瑛、

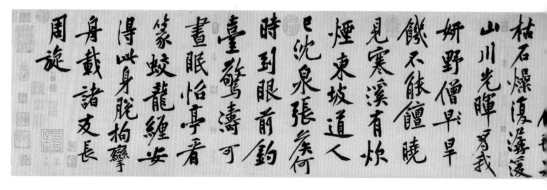

[宋]黄庭坚《松风阁诗帖》(台北故宫博物院藏)

黄潜等有"松风楼"之咏;宋代郑魏斑有咏"松风馆"之作;宋代李纲有"松风堂"之咏;元代陆居仁、清代吴礼有咏"听松楼"之作;清代朱彝尊有咏"松风台"诗等,可谓名目众多。如晁公遡《松风亭》:"皎皎石上月,飕飕松下风。清绝谁领会,倚杖送飞鸿。"诗中松风与月的组合不只是营造出一种清幽绝尘的声光氛围,更衬托出遗世独立、超尘脱俗的文人精神。又如黄庭坚《武昌松风阁》:"风鸣蜗皇五十弦,洗耳不须菩萨泉。"松风清逸,因此诗人想用之洗耳浣尘,以清心耳,扫却尘俗。欲求清高之境,无须远寻,静听松风即可,如刘基《松风阁记》就表达了这样一种观点:"观于松,可以适吾目;听于松,可以适吾耳。偃蹇而优游,逍遥而相羊,无外物以汩其心,可以喜乐,可以永日,又何必濯颍水而以为高,登首阳而以为清也哉?"

松 声[1]

[宋]叶梦得[2]

陶隐居[3]好听松声,所居庭院皆种松。每闻其响,欣然为乐。吾玉洞道傍古松皆合抱,每微风骤至,清声琅然,万窍皆应,若中音节。或中夜达旦,意亦喜之。谢灵运云:"何必丝与竹,山水有清音。"[4]山水之音,何但丝竹争美,使作钧天之乐[5],亦何不可?晋人好为人作题,目李元礼[6]曰"谡谡如劲松依山築閣見平川，夜闌箕斗插屋椽，我來名之意適然，老松魁梧數百年，斤斧所赦今參天，風鳴媧皇五十絃，洗耳不須菩薩泉，嘉二三子甚好賢，力貪買酒醉此筵，夜雨鳴廊

下风",刘真长[7]亦曰:"人言王荆产佳,此想长松下当有清风耳。"荆产,王微小字也。微自非元礼之比,然萧瑟幽达,飘拂虚谷之间,自是王微风度。而力排云雨,撼摩半空,此非元礼谁可比拟。山居常患无胜士[8]往来,每行松间,时作此想,便觉二人相去不远。

【注释】[1]本文选自宋代叶梦得《玉涧杂书》。题目为编者所加。 [2]叶梦得(1077—1148),字少蕴,苏州长洲人。宋代词人。晚年隐居湖州弁山玲珑山石林,故号石林居士。著有《石林燕语》《石林诗话》等。 [3]陶隐居:指南朝的陶弘景。 [4]何必丝与竹,山水有清音:这是左思《招隐诗二首》之一中的句子,这里写作谢灵运,误。 [5]钧天之乐:指天上的音乐。钧天,九天之一,指天的中央。 [6]李元礼:李膺(110—169),字元礼,官司隶校尉。曾与太学生首领郭泰结交,反对宦官专权,时称天下楷模。 [7]刘真长:刘惔,字真长。东晋时迁丹阳尹,为政清静,门无杂宾。孙绰诔之云:"居官无官官之事,处事无事事之心。"时以为名言。 [8]胜士:佳士,才识过人的人士;清高不慕名利的隐居者。

【品析】南朝时候的陶弘景喜欢听松风,隐居在茅山的时候,在庭院里种满了松树,每天听着松风的响声,欣然为乐。叶梦得引用这个典故,意在说明自己

［明］文伯仁《松风高士图》（辽宁省博物馆藏）

也像陶弘景一样，以听松为乐，享受隐居生活的乐趣。晋代左思《招隐诗》说："何必丝与竹，山水有清音。"风起松林，山鸣谷应，如波涛汹涌声，如金石相击声，令丝竹等人工吹奏的音乐相形见绌。叶梦得甚至认为像松声这样的天籁，不但可与丝竹争美，就是比作天上仙乐也不为过。其实不仅叶梦得，宋代很多文学家都高度赞美松声的美妙，如王安石《次韵董伯懿松声》："庙中奏瑟沉三叹，堂下吹箫失九成。俚耳纷纷多郑卫，直须闻此始心清。"诗中将瑟箫声比作郑卫之音，言下之意，松风才是雅乐正声。再如范仲淹《岁寒堂三题·松风阁》："此阁宜登临，上有松风吟。非弦亦非匏，自起箫韶音。……淳如葛天歌，太古传于今。洁如庖羲易，洗人平生心。"指出松风不同于弦、匏等乐器演奏出来的声音，只有上古虞氏舜所作之《大韶》才能与之相比，它淳朴厚重如葛天氏之乐，纯真天然若庖（伏）羲氏之卦，令人心灵平和明净如经过清洗一样。

晋人喜欢用松风来品评人物，如《世说新语·赏誉》："世目李元礼，谡谡如劲松下风。"劲松下风,比喻李膺刚正严峻的品格,就像挺拔的松树下吹过的刚劲之风,肃肃有声,令人敬畏。刘惔说:"人言王荆产佳,此想长松下当有清风耳。"松下清风,比喻王微潇洒自如的风度。叶梦得说自己山中隐居常忧虑缺少高士幽人往来谈心,每当松下漫步的时候,耳听或疾或徐的松风,时常想起晋人的品评,便感觉离李膺和王微这样的人物相去不远了。

茶 声[1]

[宋]罗大经

松风桧雨[2]到来初,急引铜瓶离竹炉[3]。待得声闻俱寂后,一瓯[4]春雪[5]胜醍醐[6]。

【注释】 [1]本文选自宋代罗大经《鹤林玉露》丙编卷三。罗大经,字景纶,号儒林,又号鹤林,南宋吉州吉水(今属江西)人,著有《鹤林玉露》、《心学经传》(佚)、《易解》(佚)。 [2]松风桧雨:比喻煮茶时的水沸声,如风雨吹打松桧一般。

[3]竹炉:一种外壳为竹编、内安小钵、用以盛炭火取暖的用具。 [4]瓯(ōu):杯。 [5]春雪:比喻用沸水冲茶时泛起的泡沫。 [6]醍醐(tí hú):美酒。

【品析】《鹤林玉露》是一部文言轶事小说,分甲、乙、丙三编,共十八卷,主要评述前代及宋代诗文,记述宋代文人轶事,有文学史料价值。

松风常被用来比喻煎煮茶水时发出的响声,如唐代刘禹锡《西山兰若试茶歌》:"骤雨松声入鼎

[宋元]《松下弈棋图玉版》(台北故宫博物院藏)

[明] 文徵明《惠山茶会图》(局部)(故宫博物院藏)

来，白云满碗花徘徊。"诗中就是以松风喻水沸声，这种说法在唐代还不多见，但至宋代却已成为流行语，几乎到了谈茶声必以松风为喻的地步。如宋代苏轼《试院煎茶》曰："蟹眼已过鱼眼生，飕飕欲作松风鸣。"宋代罗大经《茶声》："松风桧雨到来初，急引铜瓶离竹炉。待得声闻俱寂后，一瓯春雪胜醍醐。"都是以松风喻水声。从"蟹眼"生时微闻"松风"，到"鱼目"现时"松风"渐响，再到腾波鼓浪时松声大作，最后松声渐弱至无，闻"松风"的变化即可知水开的程度。

　　以"松风"喻茶声，除了"松风"的确和茶声有似之处外，与品茶环境的选择有很大的关系。文人多喜在松荫下煮泉烹茶，唐代王建有"煮茶傍寒松"的诗句，元代倪瓒也说："两株松下煮春茶。"文人为何偏爱松下品茶？原因可能有二。首先，松在文人心目中坚贞有节、独立不倚、洒脱超逸，是高尚人格的象征。松性高洁，正与茶性相配。明代徐渭在《煎茶七类》中说茶宜"凉台静室，明窗曲几，僧寮道院，松风竹月，晏坐行吟，清谭把卷"。松风构成品茶的理想环境之一。其次，正如何云波在《围棋与中国文化》中所说："松性寒且幽，松冠如盖，松下阴阴，最显幽深之境；松色冷翠寒碧，松风凉意袭人，此间品茶弈棋，更添一段幽兴。"总之，松下品茶下棋，更助文人雅兴，更见文人高情。

松下煮茶，以茶会友是绘画中常见的题材，如明代唐寅《事茗图》，文徵明《松下品茶图》《惠山茶会图》，仇英《煮茶论画图轴》，以及清代蔡泽《松荫品茶图》、上睿禅师《松荫斗茶图》等，都是这一主题的绘画作品。

暑夜闻松声

[宋] 汪炎昶

老松叶闲风所藏，露气引风风正狂。吹云去作何处雨，余力独能为此凉。来从月里觉愈爽，助以溪声听更长。榰床抚几喜欲绝，赤日杲杲升扶桑。

【品析】 松声清新爽朗，不着一点尘埃，听了可以消解烦闷，令人心旷神怡。水月明澈纯洁，对松风可以起到很好的映衬作用。风起松鸣，与水相和，月映水光，与松色交融，构成自然中的一大妙境。从宋代汪炎昶的这句诗可以看出，松风、水月的相宜相配已成为作家的自觉认识。在汪炎昶之前，唐人已明确地说，松声适宜在月下听，如韩溉《松》"翠色本宜霜后见，寒声偏向月中闻"，刘得仁《赋得听松声》"况复当秋暮，偏宜在月明"。松风、溪水声相和构成自然界中美妙的音响，唐人笔下相关的描写很多，如郑谷《西蜀净众寺松溪八韵兼寄小笔崔处士》"松因溪得名，溪吹答松声"，但诗人并没有将松风、水声两相配提到自觉认识的高度。宋代汪炎昶《暑夜闻松声》中"来从月里觉愈爽，助以溪声听更长"之句，以简洁明确的语言概括出水、月对松风绝佳的映衬作用。清御

"松风流水"，见《沧江虹月》中林屋山人山水画谱，清末民初上海同文书局石印本

制诗《水月》又进一步提炼出松风水月在审美感觉上的共通性："内空外空内外空，千江曾是一轮同。透彻犹将过镜象，清华端合配松风。"上述诗句可以用这样几句话来概括：松风与水月相宜，水月助松风之音，松风配水月之清。

松风、水月的组合不只是营造出一种声色光影氛围，当我们读到王维《酬张少府》"松风吹解带，山月照弹琴"，宋代曹勋《山中谣》"红尘飞尽散松风，独酌寒泉弄明月"时，不难体味出松风与水月共同营造出的清远幽寒之境与诗人心境的契合，以及与松风、水月混融一体的高雅闲逸、超凡脱俗的文人精神。

九纹龙[1] 剪径[2] 赤松[3] 林

[明] 施耐庵

前面一个大林子，都是赤松树。但见：虬枝错落，盘数千条赤脚老龙；怪影参差[4]，立几万道红鳞巨蟒。远观却似判官[5] 须，近看宛如魔鬼发。谁将鲜血洒树梢，疑是朱砂铺树顶。

鲁智深看了道："好座猛恶林子！"

【注释】 [1]本文节选自《水浒传》第六回"九纹龙剪径赤松林，鲁智深火烧瓦罐寺"。九纹龙：史进的绰号。史进是东京八十万禁军教头王进的徒弟，因身上纹有九条青龙，人称"九纹龙"。 [2]剪径：拦路抢劫。 [3]赤松：植物名。松科松属，常绿乔木。高可达四十米，树皮与嫩芽皆赤褐色，针状叶。雌雄同株，雄花黄，雌花紫。球果卵圆形，种子有披针形的翅，以便散播。分布在中国、日本、韩国等地。 [4]参差：杂乱不齐的样子。 [5]判官：民间神话传说中辅佐阎王，执管生死簿的冥官。

【品析】 松林树荫浓密，白日犹暝，本身就给人黑暗阴森之感。文中用"赤脚老龙""红鳞巨蟒"来比喻赤松树夭矫虬曲、如龙似蛇的怪异之美，用"猛恶"一词生动而恰切地写出了松林的凶险可怕。

在《水浒传》中，松林常被描写为强盗聚集、抢劫杀人的险恶之地。如第八回"林教头刺配沧州道，鲁智深大闹野猪林"中写道："望见前面烟笼雾锁，一座猛恶林子。但见：层层如雨脚，郁郁似云头。权桠如鸾凤之巢，屈曲似龙蛇之势。根盘地角，弯环有似蟒盘旋；影拂烟霄，高耸直教禽打捉。直饶胆硬心刚汉，也作魂飞魄散人。这座猛恶林子，有名唤做'野猪林'，此是东京去沧州路上第一个险峻去处。宋时，这座林子内，但有些冤仇的，使用些钱与公人，带到这里，不知结果了多少好汉在此处。今日这两个公人带林冲奔入这林子里来。"结合下文数次提到松树，可以推断，"野猪林"也是一座松林。第十六回"杨志押送金银担，吴用智取生辰纲"中，吴用等人也是在松林中用蒙汗药麻翻了杨志一行人，劫取了高太尉的生辰纲。在第四十六回"病关索大闹翠屏山，拼命三火烧祝家庄"中，杨雄和石秀在翠屏山上杀死了潘巧云和迎儿，杀人场景中也有松树。这些描写增强了松林的恐怖气氛。

古代自然生态条件好，松林分布广泛，其中不乏猛兽出没。《水浒传》中经常写到松林中猛虎出现、意欲伤人的情景，比如第一回"张天师祈禳瘟疫，洪太尉误走妖魔"，太尉洪信上龙虎山上清宫途中，"只见山凹里起一阵风，风过处，向那松树背后奔雷也似吼一声，扑地跳出一个吊睛白额锦毛大虫来"。又如第二十三回"横海郡柴进留宾，景阳冈武松打虎"，有一篇古风单道景阳冈武松打虎，其中有"秽污腥风满松林，散乱毛须坠山奄"之句，可见武松打虎之处，景阳冈乱树林正是松林。还有第四十三回"假李逵剪径劫单人，黑旋风沂岭杀四虎"，写沂岭"古木悬崖，时见龙蛇之影"。"龙蛇影"正是对老松的惯常描写，而李逵之母正是在岭上松树边的大青石旁被猛虎吃掉的。

总之，在《水浒传》中，松林幽深险怪，处处潜伏危机，猛兽、强人随时可能对人的生命和财产造成威胁，形成了阴森可怖的象征意蕴。

乌龙岭神助宋公明 [1]

[明] 施耐庵

宋江军马，前无去路。但见：

阴云四合，黑雾漫天。下一阵风雨滂沱，起数声怒雷猛烈。山川震动，高低浑似天崩；溪涧颠狂，左右却如地陷。悲悲鬼哭，衮衮神号。定睛不见半分形，满耳惟闻千树响。

宋江军兵当被郑魔君使妖法，黑暗了天地，迷踪失路。众将军兵，难寻路径。撞到一个去处，黑漫漫不见一物。本部军兵，自乱起来。宋江仰天叹曰："莫非吾当死于此地矣！"从巳时[2]直至未牌[3]，方才云起气清，黑雾消散。看见一周遭都是金甲大汉，团团围住。

…………

邵秀才把手一推，宋江忽然惊觉，乃是南柯一梦[4]。醒来看时，面前一周遭大汉，却原来都是松树。

【注释】 [1]这段文字节选自《水浒传》第九十七回"睦州城箭射邓元觉，乌龙岭神助宋公明"。 [2]巳时：上午九时到十一时。 [3]未牌：牌，原指报时

松林（王颖摄）

的牙牌,后因以称未时为未牌。未时即相当于今十三时至十五时。　[4]南柯一梦:唐代淳于棼做梦到大槐安国享受富贵荣华,醒来后发现乃一场大梦,大槐安国原来是大槐树下蚁穴。后用此典故比喻梦幻境界的事。

【品析】　在《水浒传》中,作家充分发挥幻想,赋予松林扑朔迷离的神秘色彩。宋江军马在万松林中被郑魔君使法术,黑暗了天地,迷踪失路,"一周遭都是金甲大汉,团团围住"。后宋江"醒来看时,面前一周遭大汉,却原来都是松树"。松树被施法术后变化为"金甲大汉","南柯一梦"后又恢复树身。这种类似魔幻的描写手法,使得松林有了神秘奇幻的色彩。

黑松林三众寻师^[1]

[明] 吴承恩

云蔼蔼^[2],雾漫漫^[3];石层层,路盘盘^[4]。狐踪兔迹交加走,虎豹豺狼往复^[5]钻。林内更无妖怪影,不知三藏在何端。

…………

松郁郁^[6],石磷磷^[7],行人见了悚^[8]其心。打柴樵子全无影,采药仙童不见踪。眼前虎豹能兴雾,遍地狐狸乱弄风。

【注释】　[1] 这段文字选自《西游记》第八十一回"镇海寺心猿知怪,黑松林三众寻师"。　[2] 蔼蔼:暗淡或幽暗的样子。　[3] 漫漫:无边无际的样子。[4] 盘盘:曲折回环的样子。　[5] 往复:来回;反复。　[6] 郁郁:生长茂盛。[7] 磷磷:石头突立的样子。　[8] 悚(sǒng):害怕;恐惧。

【品析】　文中运用了一系列的叠音词,如"云蔼蔼""雾漫漫""石层层""路盘盘""松郁郁""石磷磷",用以描绘松林的幽深阴郁;再加上狐兔、虎豹、豺狼出没,构成令人惊惧的环境气氛。其实在第八十回"姹女育阳求配偶,心猿护主识妖邪"中,对金鼻白毛老鼠精现身的黑松大林有段更细致的描写。这黑松林阴森可怕,连三藏都说:"我也与你走过好几处松林,不似这林深远。""你看:东西密摆,南北成行。东西密摆彻云霄,南北成行侵碧汉。密查荆棘周围结,蓼却缠枝上下盘。藤来缠葛，葛去缠藤。藤来缠葛，东西客旅难行；葛去缠藤，南北经商怎进。这林中，住半年，那分日月；行数里，不见星斗。你看那背阴之处千般景，向阳之所万丛花。又有那千年槐，万载桧，耐寒松，山桃果，野芍药，旱芙蓉，一攒攒密砌重堆，乱纷纷神仙难画。又听得百鸟声：鹦鹉哨，杜鹃啼；喜鹊穿枝，乌鸦反哺；黄鹂飞舞，百舌调音；鹧鸪鸣，紫燕语；八哥儿学人说话，画眉郎也会看经。又见那大虫摆尾，老虎磕牙；多年狐狢妆娘子，日久苍狼吼振林。就是托塔天王来到此，纵会降妖也失魂！"

在神魔小说《西游记》中，松林成为妖精盘踞之地。去西天取经的唐三藏数次在松林中被妖怪劫走。如第七十回"妖魔宝放烟沙火，悟空计盗紫金铃"中，麒麟山獬豸洞赛太岁盘踞之山也是松林郁郁："冲天占地，碍日生云。……碍日的，乃岭头松郁郁；生云的，乃崖下石磷磷。松郁郁，四时八节常青；石磷磷，万载千年不改。林中每听夜猿啼，洞内常闻妖蟒过。……虽然倚险不堪行，却是妖仙隐逸处。"

《西游记》第十七回"孙行者大闹黑风山，观世音收服熊罴怪"中，吴承恩这样描写黑风山景色："崖深岫险，云生岭上；柏苍松翠，风飒林间。崖深岫险，果是妖邪出没人烟少；柏苍松翠，也可仙真修隐道情多。""妖邪出没人烟少……仙真修隐道情多"，又概括出松林在小说中两个截然不同的表现方面。松林不仅是妖邪出没之地，还是得道成仙者的寓居处，往往被描写成风景秀丽、平和祥瑞的福地。如第一回"灵根育孕源流出，心性修持大道生"中，须菩提祖师居住的灵台方寸山"奇花瑞草，修竹乔松。修竹乔松，万载常青欺福地；奇花瑞草，四时不谢赛蓬瀛"。第二十四回"万寿山大仙留故友，五庄观行者窃人参"中，镇元子居住的万寿山五庄观也是"松坡冷淡，竹径清幽"。

可见，松林在《西游记》中主要被描写成两种情境，既是野兽、妖邪出没的险境，也是仙道修行的福地，两方面相反相成，构成了松林丰富的象征意蕴和人文景观。

鲁府松棚[1]

[明] 张岱

报国寺松，蔓引觯委[2]，已入藤理。入其下者，蹒跚[3]局踏[4]，气不得舒。鲁府旧邸二松，高丈五，上及檐甃[5]，劲竿如蛇脊，屈曲撑距[6]，意色酣[7]怒，鳞爪拿攫[8]，义不受制，鬣[9]起针针，怒张如戟[10]。旧府呼"松棚"，故松之意态情理，无不棚之。便殿三楹[11]盘郁[12]殆[13]遍，暗不通天，密不通雨。鲁宪王晚年好道，尝取松肘一节，抱与同卧，久则滑泽酡酡[14]，似有血气。

【注释】[1]本文选自明代张岱《陶庵梦忆》。 [2]觯（duǒ）委：盘曲下垂的样子。 [3]蹒跚：形容步伐不稳，歪歪斜斜的样子。 [4]局踏：走路时后脚紧跟着前脚跟，形容脚步很短小。 [5]檐甃（zhòu）：屋檐。 [6]撑距：撑持抵抗。 [7]酣：盛。 [8]攫（jué）：抓取。 [9]鬣（liè）：松针。 [10]戟（jǐ）：古代一种合戈、矛为一体的长柄兵器。 [11]楹：计算房屋的单位，一列为一楹。 [12]盘郁：曲折幽深。 [13]殆（dài）：大概，几乎。 [14]酡酡（tuó）：像醉酒后一样脸红。

【品析】 明末张岱的《陶庵梦忆》收文一百二十余篇，篇幅简短，隽永有味，代表了晚明小品的极致。这里所写的是鲁献王旧宅中的两棵松树。此文写法很有特色，先将这两棵已长得像棚架一样的松树与报国寺的松树相比较，然后直接写它们的特色：高有五丈，上抵屋檐，枝干像蛇一样盘曲有劲，弯曲撑起，看其神气，好像正在发怒，张牙舞爪，不受制约，鬣毛像针一样根根竖起，像剑戟一样张开。这是采用静物动化的方式，将植物当成动物来写。接着用"暗不通天，密不通雨"的夸张语，凸显松树"棚"的特点。最后表现它们的灵性，主人抱着松树睡觉，久而久之，树皮的颜色变得像酒醉后的脸色，"似有血气"。这就通过多侧面的描写，把这两棵松树写活了。

轩辕柏

[清]《古今图书集成》

中部县有轩辕柏,在轩辕庙。考之杂记,乃黄帝手植物,围二丈四尺,高可凌霄。

【品析】 轩辕柏位于陕西黄帝陵轩辕庙山门内西侧,相传为轩辕黄帝手植。轩辕柏为侧柏属,树高20米以上,胸围约8米,树冠覆盖面积达178平方米,树龄有5000多年。树枝像虬龙在空中盘旋扭结,叶子层叠密布,形成一张巨大的绿伞,树根部分裸露在地面,如龙爪入土。国际柏树专家把"轩辕柏"称之为"世界柏树之父"。

迎送松

程之鵕

对依丹崖历几时,阅来人往两撑持。交加互屈劳攘势,相向回盘礼让姿。岂似趋炎还附热,久成铁干共苍枝。山中寂寞须君意,笑慰吟筇独往携。

【品析】 程之鵕1914年游览黄山后,创作《黄山纪游诗》一卷,其中就有这首《迎送松》。从这首诗中的"阅来人往两撑持"可以看出,"迎送松"是两棵松树,即"迎松"和"送松"。但"迎送松"并非我们今天所说的"迎客松"与"送客松"。"迎松"和"送松"在清代相继死亡后,人们又选中了位于黄山玉屏楼左侧、文殊洞之上,倚狮石破石而生的一棵松树为"迎松"的"接班人",命名为"迎客松"。"迎客松"苍劲雄健,冠平如掌,树干中部两根长达7.6米的侧枝伸向前方,有如一位好客的主人,伸展双臂,热情地欢迎来自四面八方的游客。"迎客松"姿态雍容优美,是黄山的标志性景观。它不仅是黄山的标志,也是中国人民热情好客的象征,甚至是"中华民族的风骨"的象征。北京人民大会堂安徽厅陈列的巨幅铁画《迎客松》就是根据它的形象制作的。接替"送松"的是玉屏峰道旁的一棵古松,因其侧伸一枝,形态如作揖送客,故名"送客松"。

二、松柏的神韵品格

松柏是高大的乔木，树干坚韧挺拔，即使一株独秀，也能成为一道独特的风景。孤株独立是松柏的生物习性，孤松具有贞劲秀拔、卓然不群的个性魅力，独立无倚的孤松，是特立独行、超拔脱俗的文人形象写照。如唐代王维笔下的新秦郡松树"为君颜色高且闲，亭亭迥出浮云间"，有着娴雅淡然的风度，具备了高蹈出尘的隐士气质。如果说先秦松柏人格象征注重的是社会价值的评判，魏晋六朝松柏人格寓意偏重的是个性风度的展示，那么唐代则兼二者之长。唐代松柏意象中既寄寓了唐人作为社会成员建功立业的抱负心、兼济天下的责任感，又体现了作为自由个体丰富的精神世界和独特的人格魅力。宋人又将洞达世事的老庄精神和淡泊超然的佛禅意蕴融入松柏意象的塑造之中，体现出对松柏兼具儒、道、佛精神的体认。

游仙诗（节选）

[三国·魏] 嵇康

遥望山上松，隆冬郁青葱。自遇[1]一何[2]高，独立迥[3]无双。

【注释】[1]自遇：此从松树的角度，称其自己所处的环境。　[2]一何：多么。　[3]迥：卓越。

【品析】嵇康，字叔夜，三国曹魏时著名思想家、音乐家、文学家，官至曹魏中散大夫，世称嵇中散，为"竹林七贤"的精神领袖。这一段文字，从字面来看是借对挺拔青郁的山松的赞美来表现对神仙境界的仰慕；而其深层内涵，则是表现一种特立独行的精神品格。早在春秋时期，孔子就以"岁寒，然后知松柏之后凋"来譬喻君子的品格修养。此诗暗引了这一典故，用"独立迥无双"的岁寒青松来象征自己不愿同流合污的人格精神。其实，与嵇康同时期以及稍后的人也喜用"松"来形容嵇康。比如同为"竹林七贤"的山涛说："嵇叔夜之为人也，岩岩若孤松之独立。""岩岩"，高大雄伟的样子，言下之意是说嵇康如孤松般

"竹林七贤"图，出自明代程大约编、丁云鹏等绘《程氏墨苑》，明万历年间程氏滋兰堂刊彩色套印本

傲然独立，使人望之肃然起敬。《世说新语·容止第十四》记载有人评价嵇康"肃肃如松下风，高而徐引"。"肃肃"，形容松风劲健快爽，用以比喻嵇康刚烈清正的人格。晋代袁宏之妻李氏《吊嵇中散文》说："其德行奇伟，风勖劲邈，有似明月之映幽夜，清风之过松林也。"这里，嵇康秀拔飘逸的风姿与其独立不羁的内在气质、特立独行的高洁人格表里辉映。对于像嵇康这样内心深怀政治和社会责任感而毫不苟且的知识分子，求仙问道之举不过是不得已的思想退缩，根本无法通过此径消除精神苦恼。尽管如此，嵇康仍完全拒绝用牺牲理想来向现实妥协，而他的这一人生选择，最终为他带来了杀身之祸。晋代女诗人谢道韫有《拟嵇中散咏松》："遥望山上松，隆冬不能凋。愿想游下憩，瞻彼万仞条。腾跃未能升，顿足俟王乔。时哉不我与，大运所飘摇。"此诗模拟嵇康的《游仙诗》，不仅表达出对嵇康诗文风格的喜好，也表现了与嵇康心灵上的遥契。

饮酒·其八（节选）

[晋]陶渊明

青松在东园，众草没 [1] 其姿。凝霜 [2] 殄 [3] 异类 [4]，卓然 [5] 见高枝。连林人不觉，独树众乃奇。

【注释】 [1]没：遮蔽。　[2]凝霜：寒霜。　[3]殄：灭绝，灭尽。　[4]异类：指众草，与青松相对而言。　[5]卓然：高远特立的样子。

【品析】 陶渊明（365—427），字元亮，另一说，名潜，字渊明，浔阳柴桑（今江西九江市）人。东晋末至南朝宋初的诗人、辞赋家。陶渊明曾任江州祭酒、镇军参军、彭泽县令等职，后因厌恶官场污浊，遂退隐至田园。由于对田园生活有所体验，他写了很多描写田园日常生活的诗歌，被称为"古今隐逸诗人之宗"。

陶渊明所处的东晋，政治混乱黑暗，司马氏专权，招权纳贿，一般的文人士子为求得一官半职攀龙附凤，无耻之极。诗歌赞美青松的高洁坚贞，尽管在不逢其时之际也会沦落到众草掩没的境地，但一旦严冬来临，众草凋谢，青松的高枝便显得格外挺拔。以众草的零落反衬青松的形象，益发突出了其卓然不群的品格。"岁寒知松柏之后凋"，古代哲人以此隐喻志士仁人在困厄危境中方显出其气节操守。松树的品格与陶渊明"不为五斗米折腰"的人格有着某种共通之处，可以说，"孤松"就是他自己人格的写照。"连林人不觉，独树众乃奇"，进一步表现孤松

[清]石涛《陶渊明诗意图册》之《饮酒》（故宫博物院藏）

[南朝]《竹林七贤与荣启期》砖画（南京博物院藏）

独立的奇特之美，松树如果连接成林，也许不为人所留意，一树独立方更显奇特。
这样便把"岁寒知松柏之后凋"的意蕴推进一层：孤松的挺立比众松的青翠显
得更奇更美；举世污浊我独清，才更难能可贵。

孤松独立 [1]

[南朝·宋]刘义庆

嵇康身长七尺八寸，风姿特秀。见者叹曰："萧萧 [2] 肃肃 [3]，爽朗清举 [4]"。
或云："肃肃如松下风，高而徐 [5] 引。"山公曰："嵇叔夜之为人也，岩岩 [6]
若孤松之独立；其醉也，傀俄 [7] 若玉山 [8] 之将崩 [9]。"

【注释】 [1]本文选自南朝宋刘义庆编撰的《世说新语·容止》。题目为编者所加。 [2]萧萧：萧洒。 [3]肃肃：严肃刚正的风貌。 [4]清举：清俊超逸。 [5]徐：雍容闲雅貌。 [6]岩岩：高峻的样子。 [7]傀（guī）俄：倾颓貌。 [8]玉山：连年下雪的山。 [9]崩：倒塌。

【品析】 魏晋名士崇尚玄学、钟情自然。这一时期文人的自然审美意识获得超前的发展，形成以自然美形容人物美的风气。这时的人物品藻很少见单纯的道德评价，而是着意对人的风姿、格调和才情的品评。这段文字中用来形容松柏的词语，"萧萧""肃肃""岩岩"，既是在状松柏，同时也是写人。"萧萧"，拟声词，状风声，这里形容嵇康潇洒超逸的风度。"肃肃"，拟声词，形容风吹松林的声音，这里用以比喻嵇康严肃刚正的风貌。"岩岩"，高峻的样子，形容嵇康高大挺拔的身姿。《世说新语》中类似的例子还有不少，如"南阳朱公叔，飂飂如行松柏之下""世目李元礼，谡谡如劲松下风"。《世说新语》中用来比喻人物美的植物有松柏、柳树、槐树、蒲柳、兰等，其中松柏都是用作对男子风度形象的品评。以上例子借松柏喻人，这些比喻是建立在对松柏姿态、形体、颜色等物色美欣赏的基础上的，是由物及人的一种美感联想。从中我们既能感受到松柏青翠挺拔、枝叶披拂、摇曳生姿的自然之美，又能体味到魏晋名士风韵潇洒、情趣高雅的人格气质之美。自然之美与主体之美融为一体，形态之美与神韵之美打成一片，很难分别开来。

嵇康是魏晋时"竹林七贤"的核心人物。关于竹林七贤，《世说新语·任诞第二十三》记载："陈留阮籍、谯国嵇康、河内山涛三人年皆相比，康年少亚之。预此契者，沛国刘伶、陈留阮咸、河内向秀、琅邪王戎，七人常集于竹林之下，肆意酣畅，故世谓'竹林七贤'。""七贤"称号最早见于东晋孙盛《魏氏春秋》："康寓居河内之山阳县，与之游者，未尝见其喜愠之色。与陈留阮籍、河内山涛、河南向秀、籍兄子咸、琅邪王戎、沛人刘伶相与友善，游于竹林，号为七贤。"七人放浪形骸，经常以嵇康寓居的山阳为中心，在竹林中聚会饮酒，纵情山水，清谈玄理，赋诗弹琴，借用老庄自由放任的思想，来反抗当时统治阶层所推崇的儒家礼法。"竹林七贤"中以嵇康和阮籍的成就最高。

松

[唐]王睿

寒松耸拔倚苍岑[1]，绿叶扶疏自结阴。丁固梦[2]时还有意，秦王封[3]日岂无心。常将正节栖孤鹤，不遣高枝宿众禽。好是特凋群木后，护霜凌雪翠逾深。

【注释】[1]岑：小而高的山；崖岸。　[2]丁固梦："丁固梦松"的典故出自《三国志·孙皓传》，"以左右御史丁固、孟仁为司徒、司空"。裴松之注引《吴书》曰："初，固为尚书，梦松树生其腹上，谓人曰：'松字十八公也，后十八岁，吾其为公乎！'卒如梦焉。"　[3]秦王封："始皇封松"的典故出自《史记·秦始皇本纪》，"（始皇）乃遂上泰山，立石。封。祠祀。下，风雨暴至，休于树下，因封其树为五大夫"。

【品析】历来咏松诗数不胜数，王睿的这首咏松诗却写出了别样的境界和格调。早在春秋后期，孔子就提出"岁寒，然后知松柏之后凋"的命题。后来的文人不断对这一表述进行诠释，其内涵不断被丰富和充实。如南朝梁范云《咏寒松》："凌风知劲节，负雪见贞心。"南朝梁江淹《效阮公诗十五首·其一》："宁知霜雪后，独见松竹心。"对松来说，霜雪不再是凌虐强暴之物，反成了添思助威相衬相映之物，"岁寒后凋"在唐以前主要用以称誉人们面对不利环境和困苦境遇时依然保持坚忍自强的高尚品德，但难免给人一种沉重的感觉。到了唐代，松柏"岁寒后凋"的象征内涵有了新的变化，被注入了乐观、向上的时代气息。如王睿的这首《松》，"好是特凋群木后，护霜凌雪翠逾深"，写出了松树利用不利环境来表现自己的主动精神，"岁寒"成为青松异于群木、展示风采的特殊机遇。这种独辟蹊径的写法，使得结尾这两句掷地有声，显出了异样的光彩，在咏松诗篇里，透出一种新气象，给人焕然一新的感觉。尽管唐代咏松诗中也有类似的表达，如韩溉《松》"翠色本宜霜后见，寒声偏向月中闻"，又如钱起《松下雪》"唯助苦寒松，偏明后凋色"，但都不及王睿这两句诗意象更鲜明，更富立体感，更加曲折尽意，情理表达更巧妙。

春

[宋]司马光

红桃素李竞年华，周遍长安万万家。何事青青庭下柏，东风吹尽亦无花。

【品析】 司马光（1019—1086），字君实，号迂叟，陕州夏县（今属山西）涑水乡人，世称涑水先生。北宋政治家、史学家、文学家。宋仁宗宝元元年（1038），进士及第，累迁龙图阁直学士。宋神宗时，反对王安石变法，离开朝廷十五年，主持编纂了中国历史上第一部编年体通史《资治通鉴》。司马光生平著作甚多，主要有《温国文正司马公文集》《稽古录》《涑水记闻》《潜虚》等。

先秦儒家着眼于松柏不畏严寒、冬夏常青的本性赋予其岁寒后凋的比德寓意，用以象征君子威武不屈、临难不移的品格。宋人在继承这一比德传统的同时，又由松柏在春夏荣滋之时不争芳于时，生发出青青自若、不随流俗的含义。司马光的这首《春》便是如此。春日，桃红李白竞相绽放，因花美受宠于长安。柏树不慕桃李的得时，四时青青，毫不张扬。诗歌忽略了松柏岁寒不改的气节操守，而是强调其高蹈越俗的内在精神。此外，像张在《题兴龙寺老柏院》曰："南邻北舍牡丹开，年少寻芳日几回。惟有君家老柏树，春风来似不曾来。"都突出了柏树自在从容，不与桃李、牡丹争春斗艳的品性，体现出对松柏兼具"儒""庄"精神的体认。

次韵杨明叔见饯十首·其九

[宋]黄庭坚

松柏生涧壑，坐阅草木秋[1]。金石在波中，仰看万物流。抗脏[2]自抗脏，伊优[3]自伊优。但观百岁后，传者非公侯。

【注释】 [1]草木秋：出自"草木秋死，松柏独在"，语出汉代刘向《说苑·说丛》，意谓草木秋天会枯萎凋零，唯有松柏傲然屹立。比喻在严酷的环境中，依然坚贞挺拔而不改变节操。 [2]抗脏：高亢刚直。 [3]伊优：谄媚逢迎的样子。出自赵壹《刺世疾邪赋》："伊优北堂上，抗脏倚门边。"

【品析】 黄庭坚（1045—1105），字鲁直，号山谷道人，晚号涪翁，北宋著名文学家、书法家、盛极一时的江西诗派开山之祖，与杜甫、陈师道和陈与义素有"一祖三宗"之称。黄庭坚与张耒、晁补之、秦观都游学于苏轼门下，合称"苏门四学士"。生前与苏轼齐名，世称"苏黄"。

洞底松意象最早出现在左思《咏史·其二》中，其后成为才高位卑者的象征。一直到唐代，相关吟咏作品塑造的主要是坚贞刚劲的洞底松形象，自强不息、穷且弥坚是洞底松贞刚品性的核心价值。这就是身处卑贱之地而挺操弥贞；饱尝压抑之苦，却终成大材。洞底松意象发展到宋代，比德方面明显获得了新的因素，文士常用以寄托超旷淡泊之志与恬静优雅之趣，洞底松展现出不同以往的超尘越俗、萧散闲逸的风神。黄庭坚笔下的洞底松就比较典型地反映了这一特点，如这首《次韵杨明叔见饯十首·其九》中的洞底松仿佛一位阅世老人，几经寒暑、仰观万物，体会到盛衰之无常，穷通之有定，自然多了一些淡然和通达，不再执着人生的荣辱得失，其自我超越的内在精神，颇得道家之三昧。又如黄庭坚的《四月戊申赋盐万岁山中仰怀外舅谢师厚》："长松卧涧底，梓雷多裂瓁（wèn）。未须论才难，世人无此韵。禅悦称性深，语端入理近。涣若开春冰，超然听年运。"诗人以洞底松为喻，称扬外舅谢师厚随缘任运的人生哲学，诗中的洞松禅悦深性、超然听命，颇具佛家超逸之风神。《送谢公定作竟陵主簿》则以"涧松无心古须鬛，天球不琢中粹温"，颠覆了洞底松先前贞心有节的传统寓意，打造出超然自若、淡定从容的新形象。淡泊超然的佛禅意蕴被注入松柏意象之中，那种内心洞达世事、泾渭分明，而外表和光同尘、淡泊超然的精神旨趣在对阅世松柏的描写中表露出来。

初到建宁赋诗一首

[宋] 谢枋得

雪中松柏愈青青，扶植[1]纲常[2]在此行。天下岂无龚胜[3]洁，人间不独伯夷[4]清。义高便觉生堪舍，礼重方知死甚轻。南八男儿[5]终不屈，皇天上帝眼分明。

【注释】 [1] 扶植：扶持培植。　[2] 纲常："三纲五常"的简称。　[3] 龚胜，西汉末年，三举孝廉，后为谏议大夫。与龚舍并称两龚。其人名重当时，崇尚名节，后为拒绝入王莽朝廷做官，绝食而死。　[4] 伯夷：商朝末年孤竹国君的儿子。他和弟弟叔齐在周武王灭商以后，不愿吃周粟，饿死首阳山。　[5] 南八男儿：指唐朝名将南霁云。南霁云与张巡等坚守睢阳城，抵抗安史乱军，因救兵不至，而城陷，张巡、南霁云等皆英勇就义。后用南八男儿代指威武不屈的人或精神。

【品析】 谢枋得（1226—1289），字君直，号叠山，别号依斋，信州弋阳人，带领义军在江东抗元，被俘后不屈殉国。谢枋得是南宋末年著名的爱国诗人，诗文豪迈奇绝，自成一家，此作品收录在《叠山集》里。这首《初到建宁赋诗一首》，又名《北行别人》，是谢枋得在被押往元大都前所写，作为与家人的诀别留言。诗歌以雪中松柏起兴，同时也以松柏自喻，表现出坚贞不屈的民族气节。诗中连用三个典故，以追慕古代圣贤，表达此次北行决不卑躬屈膝，不惜舍生取义的信念。作者不但用诗歌表现自己的凛然正气，而且"言必信，行必果"，在被迫北行至元都燕京后，绝食而卒。谢枋得还有《赋松》一诗，起句云："乔松磊磊多奇节，冬无霜雪夏无热。"两首诗歌参读，对诗人以松操自期的用意，当有更深的体会。

宋元之交，松柏"有节"被提升为一种民族气节。南宋灭亡后，众多爱国的文人高士，抱节自守，不与元朝的统治阶级合作，他们往往借描写松柏之节来表现自己抱贞守洁的节操。又如郑思肖《南山老松》云："凌空独立挺精神，节操森森骨不尘。"这与他《题画菊》中所说的"宁可枝头抱香死，何曾吹落北风中"体现出同样的精神气节。

殿前欢·观音山眠松

[元] 徐再思

老苍龙，避乖高卧此山中。岁寒心不肯为梁栋，翠蜿蜒俯仰相从。秦皇旧日封[1]，靖节何年种[2]？丁固当时梦[3]。半溪明月，一枕清风。

[宋]佚名《松荫策杖图》（故宫博物院藏）

【注释】[1]秦皇旧日封："始皇封松"的典故出自《史记·秦始皇本纪》，
"（始皇）乃遂上泰山，立石。封。祠祀。下，风雨暴至，休于树下，因封其
树为五大夫"。《史记》并未言所封为何树。汉代应劭《汉官仪》始言为松：
"秦始皇上封太山，逢疾风暴雨，赖得松树，因复其下，封为五大夫。" [2]靖
节何年种：靖节，陶渊明谥号"靖节先生"。陶潜《归去来兮辞》："三径就荒，
松菊犹存。"后以此典指归隐家园，或表示厌倦宦途，向往田园生活，"松"与
"菊"一起，被深深地打上了陶渊明、隐士、闲逸的印记。 [3]丁固当时梦："丁
固梦松"的典故出自《三国志·孙皓传》，"以左右御史丁固、孟仁为司徒、

司空"。裴松之注引《吴书》曰："初，固为尚书，梦松树生其腹上，谓人曰：'松字十八公也，后十八岁，吾其为公乎！'卒如梦焉。"后即用此典指人将登高位，松由此成为吉祥之物。

【品析】 徐再思，字德可，号甜斋，浙江嘉兴人，元代著名散曲作家，生平事迹不详。曾任嘉兴路吏。因喜食甘饴，故号甜斋。作品与当时自号酸斋的贯云石齐名，称为"酸甜乐府"。后人任讷又将二人散曲合为一编，世称《酸甜乐府》，收有他的小令103首。

此诗完全把"卧松"当成山中隐士来写。诗歌用拟人手法写松，用"始皇封松"的典故来表现老松的年代久远，从秦汉以来就避乱于山中；用"靖节松"的典故说明此松具有高洁坚贞的品格，不肯为世间栋梁；又用"丁固梦松"的典故表达今昔感慨，仕途显达已成过时梦境，如今只有"半溪明月，一枕清风"，亦足乐其志。诗人以清丽的文笔，运用带有历史沉淀感的典故，创造出一种幽远静穆的意境，衬映出卧松的超脱尘俗、志趣高远，以寄托自己避世退隐的思想。

三、松柏的象征意义

"比德"是中国古代形成的有民族特色的以物喻人之审美传统，即将作为审美对象的自然物与伦理道德相比附，认为自然物之所以美，很大程度上在于它以其特有的形象形式体现了社会生活中的伦理内容的缘故，将审美对象的景物看成是品德、精神、人格等社会美的象征。松柏生性耐寒，常年青翠，材质坚韧密实，在暗示、象征主体理想人格上有着得天独厚的优势，在比德传统的影响下，松柏成为中国文学中一个非常突出的意象。松柏比德在长期的发展演进中，比德内涵日渐丰富，人格象征逐步完善。在人们的心目中，松柏代表着高洁的人格和坚贞的操守，成为民族理想人格的符号。松柏比德的形成及演变，审美认识的拓展与深化，文学和文化意义的积淀，都与时代精神、社会生活息息相关。如左思笔下的涧底松、杜甫笔下的病柏、陆龟蒙笔下的怪松、孟郊笔下的衰松等，都折射出不同时代审美意识和社会精神的变化。

岁寒后凋^[1]

《论语》

岁寒^[2]，然后知松柏之后凋^[3]也。

【注释】 [1]出自《论语·子罕》。题目为编者所加。　[2]岁寒：一年的严寒时节；比喻困境、乱世。　[3]后凋：凋，草木枯败脱落。何晏集解："大寒之岁，众木皆死，然后知松柏小凋伤；若平岁，则众木亦有不死者，故须岁寒而后别之。喻凡人处治世亦能自修整，与君子同；在浊世，然后知君子之正不苟容也。"后因以"后凋"比喻守正不苟而有晚节。

【品析】 孔子是在春秋战国"礼崩乐坏"、物欲横流的时代背景下真诚地表露自己向往崇高的道德追求。《论语》中的这一千古名句通过松柏不受环境变化影响，在严寒的考验下保持生机，外挺直而内坚强的本性，来提倡做人的气节操守。"岁寒后凋"的松柏已成为面临危难而依然道义自守的君子的象征。这一比德意义的形成，既与春秋战国时期的社会现实和思想文化密切相关，也与松柏独特的生物禀赋密不可分，是多种因缘际会的产物。

先秦儒家将松柏岁寒常青的本性与君子临难不移、穷且益坚的品质完美结合，形成了一个对后世影响深远的文学命题。这一象征产生了极大的影响，后来的文人不断结合自己的生命体验和生存情境与之对话，进行诠释，松柏"岁寒后凋"成为中华文明中的经典表述，其内涵不断被丰富和充实。

松柏有心^[1]

《礼记》

其在人也，如竹箭^[2]之有筠^[3]也，如松柏之有心也，二者居天下之大端^[4]矣，故贯四时而不改柯^[5]易叶。

【注释】 [1]出自《礼记·礼器》。题目为编者所加。　[2]竹箭：细竹。[3]筠（yún）：坚韧的竹皮。后以"竹筠"喻坚贞。　[4]大端：主要的部分。

[5] 柯：草木的枝茎。

【品析】《礼记·礼器》首次提出松柏"有心"之说。"有心"当理解为坚贞如一，不屈于逆境的内在操守。唐代孔颖达在《礼记正义》中对这句话进行疏解时说："人经夷险，不变其德，由礼使然，譬如松柏，陵寒而郁茂，由其内心贞和故也。"唐代出现了专门以"松柏有心"为主题的作品。王棨《松柏有心赋》说："至如严气方劲，翠色犹增。亦何异君子仗诚，处艰危而愈厉；志人高道，当颠沛以弥宏。是知斯木惟良，因心所贵。"指出松柏之所以得到人们的推崇，就在于其有着坚强不屈的内心，因为内心坚定，才能"四时不改柯易叶"，历岁寒而弥翠，成为君子志士的象征。上官逊《松柏有心赋》说："是以后凋之义，久不刊于鲁经；有心之言，永昭著于戴礼。""有心"与"后凋"并称，成为文人吟咏松柏时最常使用的典故。

"有心"是"岁寒"之外，松柏君子人格象征的又一重要内涵。"岁寒后凋"、耐寒常青是坚贞不渝、意志坚定的表征，正是因为内心坚贞，松柏才能不畏寒冷，在万木肃杀的严冬独秀生机。严寒处境是松柏与君子品格发生对应联想的重要着眼点，无论是身处庙堂，还是人在江湖，都会有失意之时，而这恰是考验坚贞与否的关键。从"岁寒"到"有心"，反映了对松柏君子人格认识的深化。

"松柏有心"的典故也被应用在一些故事中。如敦煌石室遗书《孔子项托相问书》记载了这样一则故事："小儿却问夫子曰：'鹅鸭何以能浮？鸿鹤何以能鸣？松柏何以冬夏常青？'夫子对曰：'鹅鸭能浮者缘脚足方，鸿鹤能鸣者缘咽项长。松柏冬夏常青者缘心中强。'"侯白《启颜录》中《山东人娶蒲州女》中记载了一位蒲州丈人考查山东女婿的故事："会亲戚，欲以试之。问曰：'某郎在山东读书，应识道理。鸿鹤能鸣，何意？'曰：'天使其然。'又曰："松柏冬青，何意？'曰：'天使其然。'又曰：'道边树有骨髅，何意？'曰：'天使其然。'妇翁曰：'某郎全不识道理，何因浪住山东？'因以戏之曰：'鸿鹤能鸣者颈项长，松柏冬青者心中强，道边树有骨髅者车拨伤！岂是天使其然？'"

青青陵上柏（节选）

《古诗十九首》

青青陵上柏，磊磊涧中石。人生天地间，忽如远行客。

【品析】《古诗十九首》之名，最早见于南朝梁昭明太子萧统所编的《文选》。古诗，是流传在汉末魏初无作者名且无诗题的诗歌总称。一般认为，《古诗十九首》的作者是东汉末年中下层文人，所写内容再现了文人在汉末社会思想大转变时期，追求的幻灭与沉沦、心灵的觉醒与痛苦，抒发了人生最普遍的情感和思绪。《古诗十九首》是中国古代文人五言抒情诗成熟的标志，诗歌语言朴素自然，描写生动真切，具有浑然天成的艺术风格，刘勰的《文心雕龙》中誉之为"五言之冠冕"。

生活在朝代更替之际的文人，生命的紧迫感总是来得更为强烈，他们把人生短暂表现得特别突出，给人以转瞬即逝之感。与短暂的生命相对立的，是永恒的死亡，墓地松柏作为死亡的代称，常成为生命有限的对照物，借松柏之常青反衬生命之短暂是汉魏诗歌常用的手法。如这首《青青陵上柏》，"陵上柏"与"涧中石"都是能恒久保持之物。又如《古诗十九首·驱车上东门》："驱车上东门，遥望郭北墓。白杨何萧萧，松柏夹广路。下有陈死人，杳杳即长暮。潜寐黄泉下，千载不觉寤。浩浩阴阳移，年命如朝露。人生忽如寄，寿无金石固。万岁更相送，贤圣莫能度。服食求神仙，多为药所误。不如饮美酒，被服纨与素。"满目的松柏、白杨伴随着永远沉睡地下的死者，与永恒的墓树和坚固的金石相比，生命就像朝露般易逝。为此诗人选择了饮美酒、披华服、游都市等现实的享乐，否定了炼丹、求仙等传说中的长生手段，表现出清醒的生命意识。

咏怀诗 [1]

[三国·魏]阮籍

朝阳不再盛，白日忽西幽。去此若俯仰，如何似九秋。人生若尘露，天道邈悠悠。齐景升丘山 [2]，涕泗纷交流。孔圣临长川 [3]，惜逝忽若浮。去者余不及，来者吾不留。愿登太华山，上与松子 [4] 游。渔父 [5] 知世患，乘流泛轻舟。

【注释】 [1]阮籍《咏怀》诗共八十二首，这是第三十二首。　[2]齐景升丘山：典出《晏子春秋》："景公游于牛山，北临其国而流涕曰：'若何滂滂去此而死乎！'"　[3]孔圣临长川：典出《论语·子罕》："子在川上曰：'逝者如斯夫！不舍昼夜。'"　[4]松子：赤松子，古代神话传说中修道成仙的人。[5]渔父：渔翁，捕鱼的老人。《楚辞》中有《渔父》篇："屈原既放，游于江潭，行吟泽畔，颜色憔悴，形容枯槁。渔父见而问之曰：'子非三闾大夫与？何故至于斯？'屈原曰：'举世皆浊我独清，众人皆醉我独醒，是以见放耳。'……渔父莞尔而笑，鼓枻而去，乃歌曰：'沧浪之水清兮，可以濯吾缨；沧浪之水浊兮，可以濯吾足。'"

【品析】 阮籍（210—263），字嗣宗，三国时期魏诗人，竹林七贤之一，曾任步兵校尉，世称阮步兵，著有《咏怀》《大人先生传》等。阮籍生活在魏晋之际，他同情曹魏政权，反对司马氏。这首咏怀诗感于时事，抒发世事无常、人生苦短的感慨，"愿登太华山，上与松子游。渔父知世患，乘流泛轻舟"四句表达了诗人愿居山间松谷而远离纷纭人世的期望。

写隐士的诗歌常会写到松树。如唐代韦应物的诗《秋夜寄邱员外》："怀君属秋夜，散步咏凉天。山空松子落，幽人应未眠。"韦应物的诗中，山中秋夜，空旷清凉，松子不时掉落，这空寂的环境和宅居山中的"幽人"一起，营造出清幽雅致的氛围。有别于俗世中人，山居的邱员外，是位隐士高人，所以才会选择这么空旷幽静但不乏寂寥的环境生活。

咏史·其二 [1]

[晋] 左思

郁郁 [2] 涧底松，离离 [3] 山上苗 [4]。以彼径寸茎 [5]，荫 [6] 此百尺条 [7]。世胄 [8] 蹑 [9] 高位，英俊沉下僚 [10]。地势使之然，由来非一朝。金张籍旧业 [11]，七叶珥汉貂 [12]。冯公 [13] 岂不伟 [14]，白首不见招。

【注释】 [1]本文选自《先秦汉魏晋南北朝诗·晋诗》卷七。作者左思，生活于西晋初年，具体生卒年不详，博学能文，一篇《三都赋》，豪富之家竞相传写，曾使洛阳纸贵。他出身寒门，不喜交游，仕途很不得意。 [2]郁郁：枝叶茂盛之貌。 [3]离离：下垂貌。 [4]苗：初生的草木。 [5]径寸茎：直径仅一寸的茎干。这里指前文的山上苗。 [6]荫：遮盖。 [7]百尺条：指涧底松。条，树枝。 [8]世胄：世家子弟。 [9]蹑：登。 [10]下僚：小官。 [11]金张籍旧业：金张，指金日磾（mì dī）和张安世两家族，是西汉宣帝时的权贵。籍，同"藉"，依靠。旧业，先人的遗业。 [12]七叶珥汉貂：七业，七世。珥，插。汉貂，汉代侍中官冠旁插貂鼠尾为饰。这里是指做官。 [13]冯公：指冯唐，生于汉文帝时，武帝时仍居郎官小职。 [14]伟：奇异，出众。

【品析】 这首诗以自然界中的不平等现象来比喻现实中的不平等现象。"涧底松"与"山上苗"既是起兴，又是比喻，采用的是传统的比兴手法。松生长在涧底，虽身长百尺却所托非所；苗虽矮小纤弱却生长在高山之上，得天时地利之便，"径寸"之"茎"却能遮盖百尺之长的松树。这是自然界中的不平等现象，主要是通过强烈的对比来实现的；而这种不平等的现象在现实社会中同样存在。追根溯源，导致这种不平等现象的原因即在二者与生俱来的"地势"不同。"地势"具有双重含义，在物指所处的地理位置，这是造成自然界中不平等现象的原因；在人指出身门第，即承自祖先的血统，这是当时的门阀制度荐取人才的关键，也是诗人反对和抗议的对象。

左思以一己之体验，创造出涧底松意象，以典型的形象、浓缩的笔墨高度概括出西晋门阀制度下寒士的境遇地位，并为其不平与抗争。《咏史·其二》可以说是左思代表天下寒士向不合理的社会制度发出的抗议书。

左思以"涧底松"比拟才秀人微的寒俊之士，这一象征意义以后一直相沿不衰，成为涧底松意象最基本的人格寓意。如初唐王勃在《涧底寒松赋》中这样描写，"冒霜停雪，苍然百丈，虽高柯峻颖，不能逾其岸"，百丈高的松树因为生长在涧底而被埋没了材用，这样的处境和命运与沉沦下层的寒门俊才何其相似。文人在表现涧底松的这一象征意义时，开始多是自我比况，后转而拟喻他人。如王勃

《涧底寒松赋》中又有"徒志远而心屈，遂才高而位下"的涧底松，明显有自我写照的意味。还有从旁观的角度来描写涧底松，如唐代诗人白居易，他是对涧底松倾注较多感情的一位诗人，听松时言："松声疑涧底"；栽松时说："苍然涧底色。"白居易《赠卖松者》言："一束苍苍色，知从涧底来。"其《涧底松》(念寒俊也)《续古诗十首·其四》《悲哉行》都以涧底松为主题，白氏以旁观者的身份，饱含同情的笔调写下"百丈涧底死，寸茎山上春。可怜苦节士，感此涕盈巾"的诗句，流露出悲天悯人的情怀。《涧底松》(念寒俊也)中"涧深山险人路绝，老死不逢工度之。天子明堂欠梁木，此求彼有两不知。谁谕苍苍造物意，但与之材不与地。……高者未必贤，下者未必愚。君不见，沉沉海底生珊瑚，历历天上种白榆"的描写，将笔锋直指现实，批判贤愚倒置的社会秩序，表达了对社会用人制度的不合理的思考。

左思之后，吟咏涧底松的作品层出不穷，涧底松意象在比德和情感方面增添了一些新的内容和格调。如同样是咏涧底松，左思、王勃抒写的是材不得用的愤世、抑郁，而明代陶安笔下的涧底松却是："涧底松，安可贱，地位虽卑独无怨。不愿用于汉家未央宫，不愿用于唐室含元殿，久无帝舜作岩廊，甘分沉沦羞贾衒。自从长养数百年，绝彼斤斧全吾天。未央含元虽壮丽，回首瓦砾凄寒烟。君不见，牺尊青黄木之灾，至宝不琢真奇哉。"诗中的涧底松虽卑无怨，安分随时，注重养生，不求材用。其中"牺尊"一典，出自《庄子·天地》："百年之木，破为牺樽，青黄而文之。其断在沟中，比牺樽于沟中之断，则美恶有间矣，其于失性一也。"百年之木被锯为两段，一段刻成牺尊，另一段被扔在沟里，两段木头虽有尊卑美丑之别，但同样都失去了本性。意思是说即使最为尊崇的材用也是对木之自然天性的扼杀，借对涧底松意象的描写表达了独特的人生观和对儒家传统用世观念的消解。

总之，涧底松继承发展了有关松的审美认识和道德评价，仔细体味这一形象，可以感受到其中有一种精神气格在起着主导作用：以刚强反抗压迫，用超逸应对沉沦，这就是古人由涧底松的生存状态中体味出的人生哲学。

饮酒·其四

[晋] 陶渊明

栖栖[1] 失群鸟，日暮犹独飞。徘徊无定止，夜夜声转悲。厉响思清远，去来何依依[2]。因值孤生松，敛[3] 翮[4] 遥来归。劲风无荣木，此荫独不衰。托身已得所，千载不相违。

【注释】 [1]栖栖：不安貌。 [2]依依：思恋不舍。 [3]敛：收起。 [4]翮（hé）：翅膀。

【品析】 陶渊明生活在东晋末南朝宋初时期，正当改朝换代之际。当时大多数文人依附新权贵，求得一官半职。陶渊明坚持隐居生活，但内心并不平静，《饮酒·其四》一诗便反映了诗人当时内心深处的彷徨。诗歌开头极力描写孤鸟的失意。失群之鸟，惶恐不安，加上在苍茫暮色中孤独飞翔，更是倍感凄凉。写它彷徨徘徊，是目之所见；说它夜夜悲鸣，是耳之所闻；又从孤鸟凄厉的叫声中推测

[清] 石涛《陶渊明诗意图册》之《拟古》（故宫博物院藏）

其所思所想，逐层推进，将孤鸟无处容身的困境写得淋漓尽致。更何况其时世道艰难，繁荣之木难得一见。在这种境况下，得一高大挺直、浓荫密布的青松，自然是托身得所，所以打算栖息于此，千载不离。诗中那只象征诗人的徘徊无定的飞鸟最终寻找的归宿是一株"孤生松"，这是诗人借以寄托心灵之物，是其精神和生活上托身不移的止泊之所，我们可以把它理解为田园躬耕的生活。钟嵘《诗品》称陶渊明为"古今隐逸诗人之宗"，他是中国历史上第一个有着躬耕生活体验，并把田园生活描写得如此美好、如此令人向往的诗人。

病　柏

[唐]杜甫

有柏生崇冈[1]，童童状车盖[2]。偃蹇[3]龙虎姿[4]，主当风云会[5]。神明依正直[6]，故老多再拜。岂知千年根，中路颜色坏。出非不得地，蟠据亦高大。岁寒忽无凭[7]，日夜柯叶改[8]。丹凤[9]领九雏，哀鸣翔其外。鸱鸮[10]志意满，养子穿穴内。客从何乡来，伫立久吁怪[11]。静求元精理[12]，浩荡[13]难倚赖。

【注释】[1]崇冈：高岗，形容柏树的势位尊崇。　[2]状车盖：状，好像；车盖：形容柏树耸翠浓密，犹如车之华盖。　[3]偃蹇：夭矫。　[4]龙虎姿：形容树干奇古，龙姿虎势。　[5]风云会：古人说"云从龙，风从虎"，"风云会"形容柏树之气势。　[6]神明依正直：神明依树，故使人致敬。正，出自《庄子》："松柏其生也正。"　[7]岁寒忽无凭：翻改《论语·子罕》："岁寒，然后知松柏之后凋也。"　[8]柯叶改：柯，草木的枝茎。柯叶改，翻改《礼记·礼器》："其在人也，如竹箭之有筠也，如松柏之有心也，二者居天下之大端矣，故贯四时而不改柯易叶。"　[9]丹凤：头和翅膀上的羽毛为红色的凤鸟。喻杰出之人。　[10]鸱鸮：泛指猫头鹰之类的鸟。这里喻奸邪小人。　[11]吁怪：惊讶，惊异。　[12]精理：精微的义理。　[13]浩荡：渺茫。

【品析】杜甫是唐代伟大的现实主义诗人，被世人尊为"诗圣"，其诗被称为"诗史"。杜甫笔下的崇冈古柏被视为神明的化身，受到故老的崇拜。这样一个张扬着辉煌的生命，却被连根蚀坏，枝枯叶败，成为"鸱鸮"盘踞之处。原本龙姿虎势、受人崇拜的崇冈古柏也因中路坏了根本而改柯易叶、日渐凋零。"丹凤领九雏，哀鸣翔其外。鸱鸮志意满，养子穿穴内"，喻正人摧折，善类伤心，而小人快意。

杜甫《病柏》中描写的这棵被连根蚀坏的古柏有着深刻的象征意义，仇兆鳌《杜诗详注》中引清人黄生《杜诗说》云："此喻宗社欹倾之时，君子废斥在外，无从匡救，而宵小根据于内，恣为奸私，此真天理之不可问者。"日本学者兴善宏《枯木上开放的诗》一文认为："它表达的是对世间之不公正的愤怒。正直者不得志，横邪者遂其欲。""这一对照写出了当时社会善恶价值的颠倒，由此引出结尾四句作者对病树形象寄予的感慨。"杨义先生云："这种生命祭典蕴含着诗人的时代感受，若要寻找隐义，可以说这是盛唐巨柏被连根蚀坏的象征。"诸家都将"病柏"解读为托物讽世的文学意象，诗人描写病柏饱受摧残的生命，以曲折的隐喻表达他忧国忧民的情怀。

杜甫的咏物诗多是有所感、有所为而作，而绝非客观地描写物象。因此，黄生评杜甫的咏物诗："说物理物情，即从人事世法勘入，故觉篇篇寓意，含蓄无限。"杜甫对枯病类植物意象较为关注，创作出《病柏》《病橘》《枯棕》《枯楠》四首诗，"皆兴当时事"，充分发挥这类意象反映现实的功用。杨义《李杜诗学》说："意象是一种选择，对特殊情境中心灵对应物的选择。诗人异常敏感，心理结构又极为复杂，在历时性上它可能由少年气盛，因历尽风霜而转为心境苍凉，所选择的意象也就由骏马变为瘦马、病马。"从这一意义上说，枯病类植物意象之所以能成为文人的选择对象，也是文人在一定时期心灵世界的反映。如南北朝时庾信笔下的枯树，初唐卢照邻的病梨树，李商隐的残荷等，都是积淀和融化着某种社会内容和个人情感的"有意味的形式"，值得我们仔细地体味。

怪松图赞并序（节选）

[唐] 陆龟蒙

是松也，虽稚气初拆[1]，而正性不辱[2]。及其壮也，力与石斗。乘阳之威，怒已之轧[3]，拔而将升，卒不胜[4]其压。拥勇郁遏[5]，全[6]愤激讦[7]，然后大丑彰于形质[8]，天下指之为怪木。吁！岂异人乎哉？天之赋才之盛者，早不得用于世，则伏[9]而不舒。熏蒸沉酣，日进其道。权挤势夺，卒不胜其阨[10]。号呼呶[11]拏[12]，发越[13]赴诉，然后大奇出于文彩，天下指之为怪民。呜呼！木病而后怪，不怪不能图其真。文病而后奇，不奇不能骇于俗。非始不幸而终幸者耶？

【注释】 [1]拆：绽开，裂开。 [2]辱：玷污，辜负。 [3]轧：排挤倾轧。[4]胜：能承担，能承受。 [5]遏（è）：阻止。 [6]坌（bèn）：聚积。 [7]讦（jié）：揭发别人的隐私或攻击别人的短处。 [8]形质：躯体，身体。 [9]伏：屈服。[10]阨：困厄，困窘。 [11]呶（náo）：喧哗。 [12]拏：搏斗。 [13]发越：疾速的样子。

【品析】 当作者看到一幅"大丑彰于形质"的《怪松图》后，由松树受到山石重压而生长变形，联想到有才之士受到"摧挤势夺"而遭际困厄，由怪松联想到怪民。指出因环境而造成二者之"怪"，赞颂"怪人""怪松"的不甘屈服、勇于抗争、倔强顽强的生命力。"怪人"其实正是陆龟蒙的自我精神写照，他曾在《江湖散人歌并传》中自称为"怪民"："散人者，散诞之人也，心散、意散、形散、神散，既无羁限，为时之怪民。"

陆龟蒙论文以奇为贵，认为文章就应该有不同凡俗的文采。他认为人才受到权挤势夺、困顿倾轧，于是发为奇文，就像松受到岩石压制成长为怪松一样。这种观点和司马迁在《报任安书》中提出的"发愤著书"说、韩愈在《送孟东野序》提出的"不平则鸣"说以及之后欧阳修在《梅圣俞诗集序》中提出的"诗穷而后工"说都颇接近，强调了逆境对创作者的激励作用。陆龟蒙又认为，社会环境的压制，统治者用人制度的不合理，影响了这类"怪民"人物政治才干的发挥，固然是不幸，但却成全他们在文学上的骄人成就，这又是不幸中之大幸。他把尚奇的审美观念和同情文士不幸遭遇联系起来阐述，赋予文学批评以深厚的社会内涵。

总之，《怪松图赞并序》借物论理，由物及人，因论物理而及于时事。文中力抗山石之压，勇斗烈日之威，在风霜雨雪酷虐中曲折成长的怪松，正是作者自己的写照，从而引起后人的共鸣，如北宋范仲淹就曾在《上吕相公书》中引用此文以自励。

正邪之辨[1]

[宋] 欧阳修、宋祁等

武宗立，召李德裕为门下侍郎、同中书门下平章事。既入谢，即进戒[2]帝："辨邪正，专委任，而后朝廷治。臣尝为先帝言之，不见用[3]。夫正人既呼小人为邪，小人亦谓正人为邪，何以辨之？请借物为谕[4]，松柏之为木，孤生劲特，无所因倚[5]。萝茑[6]则不然，弱不能立，必附它木。故正人一心事君，无待[7]于助。邪人必更为党[8]，以相蔽欺[9]。君人者以是辨之，则无惑矣。

【注释】 [1] 本文选自宋代欧阳修、宋祁等撰《新唐书·李德裕传》。题目为编者所加。李德裕（787—850），唐代政治家、文学家，牛李党争中李党领袖。[2] 戒：告诫。 [3] 见用：被采纳。 [4] 谕：同"喻"，比方。 [5] 因倚：倚傍，依托。 [6] 萝茑：指女萝和茑，两种蔓生植物，茎攀缘树上。 [7] 待：依靠，依恃。 [8] 党：意见相合的人或由私人利害关系结成的团体。 [9] 蔽欺：庇护，遮蔽。

【品析】 在中国古代历史上，党争最为激烈的莫过唐、宋两代，超然独立、无所依附的人格被视为正人与邪人、君子与小人之间的最大分别，而这种品格正是松柏所具备的。唐代"牛李党争"的主角之一李德裕就曾以松柏、藤萝为譬喻向唐武宗阐述区别正人与邪人的方法。李德裕认为松柏孤直秀拔，不依附，不蔓生，堪比刚正不阿、特立独行的君子；而藤萝弱不能立，缠绕牵扯，正如小人之间相互勾连，结党营私。如果以这个标准来分辨，就能很容易把这两类人区分开，正人一心为君主办事，无须借助他人的力量来如充实、壮大自己的势力；而小人必定会结为党派，相互牵连照拂。

宋代"朋党之争"更为激烈，涉及的人数更多、时间更持久。据《宋史·滕元发传》记载，滕元发也曾以松柏、蔓草为喻回答宋神宗关于"君子小人之党"

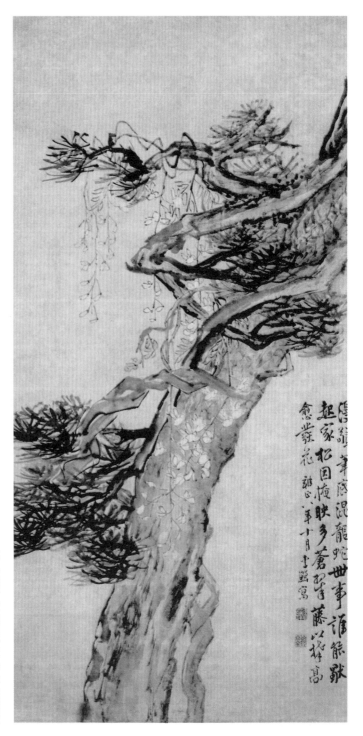

漫道草堂混龍蛇世事誰能識
起家松因掩映多蒼翠藤以栖高
愈紫花誰曰□□辛十月上浣寫

[清]李鱓《松藤图》（故宫博物院藏）

的召问。"神宗即位，召问治乱之道，对曰：'治乱之道如黑白、东西，所以变色易位者，朋党汩之也。'神宗曰：'卿知君子小人之党乎？'曰：'君子无党，辟之草木，绸缪相附者必蔓草，非松柏也。朝廷无朋党，虽中主可以济；不然，虽上圣亦殆。'"滕元发以松柏和蔓草为喻，形象地说明了君子与小人的区别：君子心存道义，如松柏独立正直，无所依附；小人追名逐利，像蔓草相互攀牵，结党营私。

唐宋时期，文人士大夫对松柏孤直挺立、无所依附品性的关注，是对矫矫不群、不比不附的独立人格的呼唤，在激烈的党争政治背景下，有着特殊而深刻的意义。

滕县时同年西园（节选）

[宋]苏轼

人皆种榆柳，坐待十亩阴。我独种松柏，守此一寸心。君看闾里[1]间，盛衰日骎骎[2]。种木不种德，聚散如飞禽。

【注释】 [1]闾（lǚ）里：乡里，泛指民间。　[2]骎（qīn）骎：比喻时间过得很快。

【品析】 从宋代开始，文人中兴起一股植松的热潮，创作出一批以种松、植松为主题的文学作品，苏轼便是其中突出的一位。苏轼《戏作种松》说："我昔少年日，种松满东岗。"《送安敦秀才失解西归》又说："故山松柏皆手种，行且拱矣归何时。"《种松得徕字》中描写了种松的不易："青松种不生，百株望一枚。一枚已有余，气压千亩槐。"他根据自己种松的心得体验，总结出"种松法"："十月以后，冬至以前，松实结，熟而未落，折取并莩，收之竹器中。至春初，取实入荒茅地中，得雨自生。松性至坚悍，始生至脆弱，畏日与牛羊，故须荒茅地，以茅阴障日，须护以棘。五年后，乃可洗其下枝。七年后，乃可去其密者。"（见《东坡杂记》）。"莩"，球果的鳞片。苏轼不仅自己广种青松，还在文人中积极传授推广种松法，如苏轼有《予少年颇知种松手植数万株皆中梁柱矣都梁山中见杜舆秀才求学其法戏赠二首》，晁补之也有《东坡公以种松法授都梁杜子师并为作诗子师求余同赋三首》。苏过《种松》中明确地说："此法岂浪传，闻诸玉局公。""玉局公"代指苏轼，因苏轼曾任玉局提举。

文人偏爱种松，主要是因为松有崇高的品德，种松即是"种德"。如宋代谢薖《种松》："胡不种杞柳，但种青青松。念汝受命独，劲气凌三冬。明年见汝生，何年矫苍龙。种德亦吾愿，穆如松上风。"宋代林景熙《赋双松堂呈薛监簿》："昔贤种松如种德，柯叶余事根本丰。"金代元好问《庆高评事八十之寿》："种松千岁如种德。"

文人偏爱种松，还因为松性幽独，宜表高尚隐逸之志。南朝梁陶弘景解官归隐时说："今便灭影桂庭，神交松友。"北周庾信《任洛州酬薛文学见赠别》也说："白石仙人芋，青林隐士松。"文人喜欢在斋前屋后或庄园别墅中种植松树以托林泉之志。如宋代张耒《游楚州天庆观观高道士琴棋》"何当不踏朝市尘，长伴高人种松菊"，宋代孔平仲《送吴全甫中舍倅无为》"我住庐山欲招隐，为君先去种松篁"，都是借种松表达了高洁的归隐志趣。

毁门进古松

[清] 袁枚

松也如高士，门低不肯来。苍髯临暮入，蓬户 [1] 为君开。缀石分标致，张灯自剪裁。充闾 [2] 真有庆，伙尔后凋材。

【注释】 [1]蓬户：用蓬草编成的门户。形容穷苦人家的简陋房屋。 [2]充闾：光大门闾。

【品析】 袁枚辞官后，在金陵（今南京）城以三百金购得位于小仓山麓（今南京五台山）江宁织造隋赫德的"隋园"，经过精心改造修整，更名为"随园"。在修建随园的过程中，为保存园中原有的古木，袁枚不惜"毁门进古松"，在诗人眼中古木就好像年高德劭的高士，能够提升整个园林的品位，增加园林的历史感。他毁门进古松，仿佛有着招贤纳士的胸怀，有着"后凋"之德的古松入门，使得自己的"蓬户"生辉。"蓬户为君开"引用杜甫《客至》"蓬门今始为君开"的诗典，但改变了杜诗打开蓬门请客入室的本意，而是毁门让不肯低就的高士入门。笔下古松兼具隐者高蹈越俗的精神、不肯俯就的孤傲和志士后凋于霜雪的坚贞，是品格完备的高士的象征。

四、松柏的价值地位

松柏在花卉草木之中，无疑是独特的存在。它不遵从自然界春荣秋零的普遍规律，愈是风刀霜剑的严冬，愈显苍翠生机。从古至今，无数的文人墨客赞美松柏天生禀赋，异于群类，推其为"众木之杰"，把它作为崇高品格的象征。宋代李廌《松菊堂赋》给予松高度评价："既才全兮德盛，阅万变兮如一。"宋代范仲淹称扬松"可以为师，可以为友"，明代何乔新《友松诗序》把松视为"益友"，清代李渔《闲情偶寄》把苍松古柏比为德高望重的老人，林语堂认为古松就像一位"退隐的学士"，代表着人们心目中"最崇高的理想"。纵观各个时代，文人对松柏都推崇备至，从无异议。常青恒久的生命力、高壮伟岸的身姿不仅使它从过眼繁华的花卉草木中脱颖而出，也使竹、菊等同样耐寒的植物相形逊色。

松柏独青青[1]
《庄子》

受命于地[2]，唯松柏独也，在冬夏青青；受命于天[3]，唯舜独也正。幸能正生[4]，以正众生[5]。

【注释】 [1]本段文字选自《庄子·德充符》，是引仲尼的话。题目为编者所加。 [2]受命于地：从大地禀受生命。 [3]受命于天：禀受天命。 [4]正生：使生命正，即保持天地的正气。 [5]以正众生：用天地赋予的正气来匡正众多的生命。

【品析】 "受命于地，唯松柏独也，在冬夏青青"，意思是说，在依托大地而生的自然万物中，只有松柏感受到了大地的正气，才能够不畏严寒，四季常青。"受命于天，唯舜独也正"，是说每个人都是禀受天命而生，仅有虞舜得到天命的正气成为圣人。这句话从自然界和人类两个层面，分别推举松柏为万物之首，推举虞舜为人类之首。这代表了先秦时代人们对松柏的文化定位。

松柏受命于地，得到大地的正气，所以能独具灵性成为众木之杰。后来汉代王逸《正部论》（又名《王逸子》）中的"木有扶桑、梧桐、松柏皆受气淳矣，异于群类者"，有可能就是受到这个观点的影响。这里肯定了松柏在众木之中的特殊地位，但是说明它与桑、梧桐并列。对松柏的价值地位的评定各时代均不乏其人，唐代上官逊《松柏有心赋》说："观卉木之庶类，而松柏之异群。贯四时而不改柯易叶，挺千尺而恒冒雪凌云。"这里把比较的范围进一步扩大到各类卉木，给予了松柏在花卉树木中独一无二的位置。明代王梦泽《松说》："夫夭乔万类，惟松秉异。……彼蒲柳之姿先秋而萎，桃李之芳竞春而妍，橘柚之质过江而化，岂可并日而称贞，齐轨而语隽哉？"文中把松置于其他一切自然万物之上，将松与有着曼妙身姿的蒲柳、艳丽花朵的桃李和酸甜果实的橘柚进行比较，指出了这些花木虽有短暂的美好却不能持久，无法与松相提并论。这样的评价和定位与《庄子·德充符》所引仲尼的话是遥相呼应的。

君子树（序）[1]

[宋]范仲淹

（松）可以为友，可以为师。持松之清[2]，远耻辱矣；执松之劲[3]，无柔邪矣；禀松之色，义不变矣；扬松之声[4]，名彰闻[5]矣；有松之心[6]，德可长矣。

【注释】 [1]本段文字节选自范仲淹《岁寒堂三题·君子树》序言部分。
[2]清：高洁，高尚。　[3]劲：坚强有力。　[4]松之声：松声又名松涛，风吹松林发出的如波涛般的声音。　[5]彰闻：显著，让人听见。　[6]心：坚贞不屈的内心。

君子树（付梅摄）

【品析】 范仲淹在苏州老家有"先人古庐"，范仲淹名其西斋为"岁寒堂"，堂前松树为"君子树"，松旁小阁为"松风阁"，为之作《岁寒堂三题》诗。范仲淹非常重视士人的自我道德修养，《岁寒堂三题·君子树》便是他自我品格的写照。本段选自《君子树》序言部分，范仲淹对松树推崇备至，认为松可以成为士人学习、仿效的良师益友，并从"清""劲""色""声""心"几个方面勾画出"君子树"刚柔相济、尽善尽美的形象，树立了士大夫品格的高标准。松树有着夭矫的身姿，却不与"桃李"争芳，在春夏荣滋之时青青独守，象征君子以道义自律、不随流俗的清高品行；松树生性耐寒，常年青翠，枝干刚劲峭拔，宁折勿弯，具备君子临大节而不可夺的品德；松树四时常青、不随时变，犹如君子穷通不变的处世之道；松涛声如江河，远近得闻，有如君子德行隆盛，自然声名遐迩；松树内心坚贞，所以不畏寒冷，在万木肃杀的严冬独秀生机。松有清高的品德，有坚贞的内心，是当之无愧的"君子材"。《君子树》一诗的结语说："或当应自然，化为补天石。""化为补天石"是松树的终极目标，也是封建社会士大夫的人生价值所在，所有的性格磨砺和道德完善，最终都是为了"补天"。至此，君子树的形象已完美地呈现在我们面前。

字　说（节选）

[宋] 王安石

松柏为百木之长，松犹公也，柏犹伯也。故松从公，柏从白。

【品析】 汉代司马迁在《史记》中说："松柏为百木长也，而守宫阙。"宋代王安石在《字说》中进一步解释为："松犹公也，……故松从公。"王安石将"松"字拆为"木""公"，意思是说松的地位犹如木中之"公"。"公"是古代的爵位，在"公侯伯子男"五等爵位中，公居首，由此强调松在树木中尊崇的地位。后人写松时多沿用这一说法，如元代冯子振有《十八公赋》，明代洪璐有《木公传》。

柏常与松并称，王安石《字说》言："柏犹伯也，……柏从白。""伯"在五爵中位列第三等，与松地位相近。关于"柏从白"，明魏校《六书精蕴》有不同的解释："柏，阴木也。木皆属阳，而柏向阴指西，盖木之有贞德者，故字从白。白，西方正色也。"我国传统文化将五行与不同的方位与色彩相匹配：金、木、水、火、土，分别与西、东、北、南、中及白、青、黑、赤、黄相对应。树木多向阳而生，而柏树却喜阴向西，陆佃《埤雅》说："柏之指西，犹针之指南也。"柏树是树木中不合流俗、坚贞有节的代表，其独指西方，与西对应的颜色是白，且故字从白。

友松诗序（节选）

[明]何乔新

故吾于是松也，朝夕对之如对益友[1]焉，观其苍髯黛色，凛[2]乎其不可狎[3]也，则思所以潜消吾暴慢之气；观其霜枝雪干，挺乎其不可挠也，则思所以益励乎贞介之操；观其贯四时而不改，越千岁而不衰也，则思所以诚吾恒久之心；仰焉而睇[4]，俯焉而思，其有益于吾之进修[5]多矣。松良吾友，非特世俗之所谓友也。

【注释】[1]益友：指对自己做人处事有助益的朋友。 [2]凛：严肃，严正有威势。 [3]狎：亲近而态度不庄重。 [4]睇：看。 [5]进修：进一步研究学习。

[明]杜琼《友松图》（故宫博物院藏）

【品析】 明代的何乔新在《友松诗序》中将松称为"益友"，从"苍髯黛色""霜枝雪干"的形象，到"四时不改""千岁不衰"的本性都给人以道德的启示，令人在俯仰之际改进气质、涵养品德。这段文字全面揭示了松的比德内涵：不畏严寒，有后凋之德；青青自如，不与众花木争妍斗荣，有守道固穷、洁身自好之意；不随时变、四时如一，有如君子的处世之道；不论寒暑、荣枯不变，有恒久之心。与老松习处，如师如友，使人受益良多，故称之为"益友"。

苍松古柏^[1]

[清]李渔

"苍松古柏"，美其老也。一切花竹，皆贵少年，独松、柏与梅三物，则贵老而贱幼。欲受三老^[2]之益者，必买旧宅而居。若俟手栽，为儿孙计则可，身则不能观其成也。求其可移而能就我者，纵使极大，亦是五更^[3]，非三老矣……如一座园亭，所有者皆时花弱卉，无十数本老成树木主宰其间，是终日与儿女子习处，无从师会友时矣。

【注释】 [1]本文选自李渔《闲情偶寄·种植部》。题目为编者所加。 [2]三老：此处指松、柏与梅三物。 [3]五更：对德高望重的老人的尊称，古代设三老、五更之位，天子以父兄之礼养之，五更的地位低于三老。

【品析】 李渔（1611—1680），初名仙侣，后改名渔，字谪凡，号笠翁，浙江金华兰溪人，明末清初文学家、戏曲家。《闲情偶寄》又名《笠翁偶集》，是由清代李渔所著的一部戏曲理论专著，内容包括词曲、演习、声容、居室、器玩、饮馔、种植和颐养八个部分。周作人评论此书"文字思想均极清新，都是很可喜的小品，有自然与人事的巧妙观察，有平明而又新颖的表现"。林语堂说此书是"中国人生活艺术的指南"。

这段文字论述了苍松古柏的审美价值。一般的花木，都以青春年少为贵，只有松、柏和梅三者，是以老为贵，以幼为劣。想要享受这三种老树带来的好处，就一定要买旧房子来住。如果自己动手栽种，为子孙打算可以，只是不可能亲眼

北大燕园古松（王颖摄）

看到它长到苍老。找到可以移栽到自己院子里的，即使树很大，也只是五更而非三老了。如果一座园林中，只有一些柔弱的花草，没有几十株老树作主宰，这就如同整天跟后辈小儿相处，而没有跟老师、朋友交流的时候了。林语堂先生在《论树与石》一文中也有类似的言论："人们对于松树的欣赏也许是最显著的，而且是最有诗意的。……松树因为具有这种古色古香之美，所以在树木中占据着一个特殊的地位，有如一个态度悠逸的退隐的学士，穿着一件宽大的外衣，拿着一根竹杖在山中的小道上走着，而被人们视为最崇高的理想那样。为了这个原因，李笠翁说：一个人坐在一个满是桃花和柳树的花园里，而近旁没有一棵松树，有如坐在一些小孩和女人之间，而没有一位可敬的庄严的老人一样。同时中国人在欣赏松树的时候，总要选择古老的松树，越古越好，因为越古老是越雄伟的。"

附　录

松柏诗文名句

青青陵上柏，磊磊涧中石。(《古诗十九首》之《青青陵上柏》)

古墓犁为田，松柏摧为薪。(《古诗十九首》之《去者日以疏》)

离尘垢之窈冥兮，配乔松之妙节。([汉]冯衍《显志赋》)

世有千年松，人生讵能百。([晋]傅玄《失题五首·其五》)

森森千丈松，磊砢非一节。([晋]袁宏《诗》)

折风落迅羽，流恨满青松。([南朝·梁]沈约《伤王融》)

方学松柏隐，羞逐市井名。([南朝·梁]江淹《从冠军建平王登庐山香炉峰》)

凌风知劲节，负雪见贞心。([南朝·梁]范云《咏寒松》)

赖我有贞心，终凌细草辈。([南朝·梁]吴均《咏慈姥矶石上松》)

还是临窗月，今秋迥照松。([北朝·北周]庾信《伤往诗·其二》)

根含冰而弥固，枝负雪而更新。([唐]谢偃《高松赋》)

鹤栖君子树，风拂大夫枝。([唐]李峤《松》)

岩扉松径长寂寥，惟有幽人自来去。([唐]孟浩然《夜归鹿门歌》)

朝饮花上露，夜卧松下风。([唐]王昌龄《斋心》)

泉声咽危石，日色冷青松。([唐]王维《过香积寺》)

声喧乱石中，色静深松里。([唐]王维《青溪》)

新松恨不高千尺，恶竹应须斩万竿。([唐]杜甫《将赴成都草堂途中有作先寄严郑公五首·其四》)

唯助苦寒松，偏明后凋色。([唐]钱起《松下雪》)

诗思竹间得，道心松下生。([唐]钱起《题精舍寺》)

不随晴野尽，独向深松积。([唐]司空曙《松下雪》)

积雪表明秀，寒花助葱茏。([唐]柳宗元《酬贾鹏山人郡内新栽松寓兴见赠·其一》)

松下问童子，言师采药去。([唐]贾岛《寻隐者不遇》)

闲来松间坐，看煮松上雪。([唐]陆龟蒙《煮茶》)

不知深涧底，萧瑟有谁听。（［唐］刘得仁《赋得听松声》）

好是特凋群木后，护霜凌雪翠逾深。（［唐］王睿《松》）

皇王自有增封日，修竹徒劳号此君。（［唐］徐夤《松》）

翠色本宜霜后见，寒声偏向月中闻。（［唐］韩溉《松》）

平生相爱应相识，谁道修篁胜此君。（［唐］李山甫《松》）

松篁经晚节，兰菊有清香。（［宋］寇准《岐下西园秋日书事》）

昔多松柏心，今皆桃李色。（［宋］范仲淹《四民诗·士》）

霜凌劲节难摧抑，石压危根任屈盘。（［宋］韩琦《和润倅王太博林畔松》）

何事青青亭下柏，东风吹尽亦无花。（［宋］司马光《柏》）

岂因粪壤栽培力，自得乾坤造化心。（［宋］王安石《古松》）

料得年年肠断处，明月夜，短松冈。（［宋］苏轼《江城子·乙卯正月二十日夜记梦》）

我独种松柏，守此一寸心。（［宋］苏轼《滕县时同年西园》）

青松出涧壑，十里闻风声。（［宋］黄庭坚《古诗二首上苏子瞻》）

松柏生涧壑，坐阅草木秋。（［宋］黄庭坚《次韵杨明叔见饯十首·其九》）

樛干仍故节，润泽出新青。（［宋］陈师道《老柏三首·其三》）

既才全兮德盛，阅万变兮如一。（［宋］李廌《松菊堂赋》）

秦皇不识清高操，强欲烦君作大夫。（［宋］吕本中《松》）

松阅千年弃涧壑，不如杀身扶明堂。（［宋］陆游《松骥行》）

堪笑高人读书处，多少松窗竹阁。（［宋］辛弃疾《贺新郎·题傅君用山园》）

风行扬远韵，雨过发真香。（［宋］陈宓《松》）

松柏生涧底，岁久还干霄。（［宋］黄大受《偶成·其二》）

乔松磊磊多奇节，冬无霜雪夏无热。（［宋］谢枋得《赋松》）

雪中松柏愈青青，扶植纲常在此行。（［宋］谢枋得《初到建宁赋诗一首》）

凌空独立挺精神，节操森森骨不尘。（［宋］郑思肖《南山老松》）

昔贤种松如种德，柯叶余事根本丰。（［宋］林景熙《赋双松堂呈薛监簿》）

不是繁霜后，谁知松柏青。（［明］方文《宿陈翼仲斋头》）

竹柏天然翠，冰霜奈尔何。（［明］方文《响山访梅杓司及令弟昆白次日谈长益至各赋二首》）

宁为松柏，无为桃李。宁犯霜雪，无饱雨露。（［明］邹元标《汤义仍谪尉朝阳序》）

甘心绝代擎天手，付与樵夫说短长。（［清］袁枚《栖霞古松无故自萎者甚多》）